Matthias Jotz

Kantenfestigkeitsoptimierte (Weiter-) Entwicklung eines Verfahrens zum Trennen von ultradünnem Glas

Werkstofftechnik Aktuell

Schriftenreihe aus dem Fakultätsübergreifenden Institut für Werkstofftechnik (IWT) an der TU Ilmenau
Herausgegeben von Univ.-Prof. Dr. rer. nat. Peter Schaaf und Univ.-Prof. Dr.-Ing. Edda Rädlein

Band 25

Die vorliegende Schriftenreihe "Werkstofftechnik Aktuell" berichtet über aktuelle Forschungsergebnisse aus dem Institut für Werkstofftechnik (IWT) der TU Ilmenau. Die ausgewählten Texte spiegeln die breit gefächerten materialwissenschaftlichen und werkstofftechnischen Themen, die am IWT bearbeitet werden, wieder. Für weitere Informationen und Rückfragen können Sie sich gerne an das Institut (www.tu-ilmenau.de/wt) wenden oder das Institut persönlich besuchen. Über Ihre Anregungen, konstruktive Kritik und Ihre Kontaktaufnahme würden wir uns sehr freuen. Das IWT steht wissenschaftlichen Zusammenarbeiten stets aufgeschlossen gegenüber.

Kantenfestigkeitsoptimierte (Weiter-) Entwicklung eines Verfahrens zum Trennen von ultradünnem Glas

Matthias Jotz

2., unveränderte Auflage

Universitätsverlag Ilmenau
2022

Impressum

Bibliografische Information der Deutschen Nationalbibliothek
Die Deutsche Nationalbibliothek verzeichnet diese Publikation in der Deutschen Nationalbibliografie; detaillierte bibliografische Angaben sind im Internet über http://dnb.d-nb.de abrufbar.

Diese Arbeit hat der Fakultät für Maschinenbau der Technischen Universität Ilmenau als Dissertation vorgelegen.

Tag der Einreichung:	2. Juni 2021
1. Gutachterin:	Univ.-Prof. Dr.-Ing. habil. Edda Rädlein (Technische Universität Ilmenau)
2. Gutachter:	Prof. Dr.-Ing. Jens Schneider (Technische Universität Darmstadt)
3. Gutachter:	Dr. Markus Heiß-Chouquet (Schott AG)
Tag der Verteidigung:	17. November 2021

Technische Universität Ilmenau/Universitätsbibliothek
Universitätsverlag Ilmenau
Postfach 10 05 65
98684 Ilmenau
https://www.tu-ilmenau.de/universitaetsverlag

ISSN 1868-6532
ISBN 978-3-86360-253-6 (Druckausgabe)
DOI 10.22032/dbt.53125
URN urn:nbn:de:gbv:ilm1-2022100032

Danksagung

Vielen Dank an meine Doktormutter Frau Prof. Dr. Edda Rädlein für die Eröffnung der Möglichkeit zur Promotion an ihrem Lehrstuhl sowie die Betreuung und die zahlreichen erhellenden Gespräche. Weiterhin danke an Prof. Dr. Jens Schneider für die vielen hilf- und lehrreichen Diskussionen und Hinweise. Mein besonderer Dank geht an Dr. Markus Heiß-Chouquet für die zahlreichen inhaltlichen Sparringseinheiten. Ebenfalls besonderer Dank geht an Dr. Marta Krzyzak für das erfolgreiche Herstellen des Kontaktes zu Frau Prof. Dr. Rädlein. Weiterhin gilt mein Dank meine Kollegen Dr. Clemens Ottermann und Dr. Rüdiger Sprengard für den Zuspruch und die Unterstützung sowie für die Hilfe bei der organisatorischen Initiierung seitens SCHOTT. Auch vielen Dank an die zahlreichen Kollegen innerhalb SCHOTT, die mir mit positiver Einstellung, Spaß und auch Rat und Tat zur Seite standen und bis heute stehen. Ein weiterer Dank geht an meine Mentoren, die mich in verschiedenen Lebensabschnitten begleitet haben. Zudem danke ich Herrn Prof. Dr.-Ing. Gerber für eine Promotionsempfehlung und für den positiven Zuspruch. Ebenfalls Dank für Promotionsempfehlungen geht an Prof. Dr. Jochen Koch und Dr. Harry Costin.

Ein weiterer großer Dank an meine Familie, meine Freunde und die Kameraden der Wasserwacht für Rückhalt und Stabilität in meinem Leben.

Ein besonderer Dank an meine Laura, für die massive mentale Unterstützung und das entgegengebrachte Verständnis vor allem in schwierigen Phasen des Erstellungsprozesses dieser Arbeit.

Kurzfassung

Der Einsatz von Gläsern, insbesondere von ultradünnen Gläsern, wird in zahlreichen innovativen Anwendungen durch deren Sprödbruchverhalten eingeschränkt. In der vorliegenden Arbeit wird ein neues, fertigungstaugliches Kantenfestigkeitsmessverfahren für ultradünne Glasproben beschrieben, mit etablierten Festigkeitsprüfverfahren verglichen und als einsatztauglich befunden. Im weiteren Verlauf der Arbeit wird ein auf Kantenfestigkeit optimiertes Ritz- und Bruchverfahren für ultradünnes Glas durch die Konstruktion neuer Maschinenbauteile unter der Verwendung einer hohen Anzahl getesteter Proben sowie fortschrittlicher statistischer Methoden entwickelt. Zudem wird nachgewiesen, dass sich die aus dem Verfahren resultierende Festigkeit mittels eines linearen Modells vorhersagen lässt, wenn eine Schneidflüssigkeit verwendet wird. Anhand einer großen Menge getesteter Proben wird sodann belegt, dass die resultierende Festigkeit einer 3-Parameter-Weibull-Verteilung folgt und daher eine Festigkeitsschwelle aufweist, unterhalb derer die Bruchwahrscheinlichkeit ingenieurtechnisch vernachlässigbar gering ist. Dies ermöglicht es Produktdesignern innovative Produkte zu entwickeln, die auf einer zuverlässig hohen Festigkeit von ultradünnem Glas basieren und damit den Anwendungsbereich von Gläsern signifikant zu erweitern.

Abstract

Glasses and especially Ultra Thin Glasses are limited in their use in various innovative applications due to their brittle nature. In this work, a new and shopfloor-ready measurement device to evaluate edge strength for Ultra Thin Glass specimen is introduced, compared with established strength testing methods and proven suitable for use. Furthermore, an edge strength optimized scribe and break process for Ultra Thin Glass has been developed, utilizing newly designed machine parts, a large number of tested specimen and advanced statistical methods. It is demonstrated that the predictability of the strength yielded by the process via a linear model is enabled by the use of a cutting liquid. In a later stage, it is shown through an extensive amount of tested specimen that the strength yielded by the developed process follows a three parameter Weibull distribution and therefore has a strength threshold under which the fracture probability is below engineering-relevant level. This will allow product designers to create innovative products based on a high and reliable strength of Ultra Thin Glass, thus expanding the application realm of glasses into a new area.

Inhaltsverzeichnis

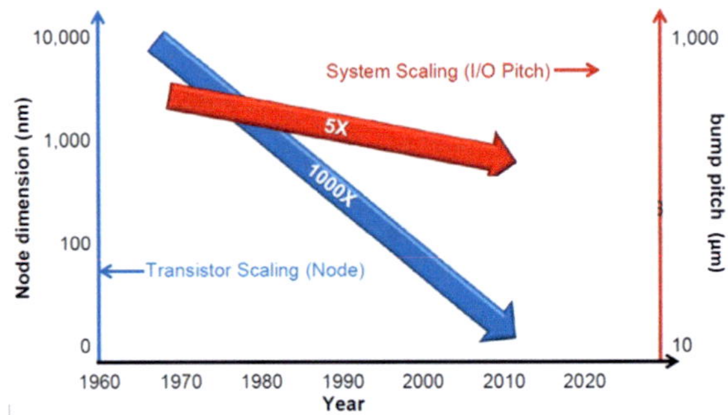

Abbildung 2.1: Miniaturisierung von Transistorendimensionen und Anschlussdimensionen in mikroelektronischen Chips bzw. Systemen im zeitlichen Verlauf über die letzten 40 Jahre. Während die Transistorengröße um den Faktor 1000 kleiner wurde, wurde die Systemintegrationsdichte nur um den Faktor fünf kleiner. Abbildung von: Rao Tummala, Georgiatech.

Miniaturisierung von integrierten Schaltkreisen auf Silizium. Die Integrationsdichte der Anschlüsse auf System-, bzw. Verpackungsebene[2] (bump pitch bzw. I/O pitch) ist dabei im selben Zeitraum nur um den Faktor fünf gestiegen. Da in absehbarer Zeit die rein halbleiterbasierte Größenskalierung an eine physikalische bzw. wirtschaftliche Grenze stoßen wird, kommt der hochintegrierten Verpackung von aktiven und passiven Bauelementen, dem sog. „IC Packaging“ eine wachsende Bedeutung zu. [Tum19] Teil einer solchen hochintegrierten Verpackung kann ein sog. „Interposer“ sein. Ein Interposer ist eine spezielle Leiterplatte welche im Gegensatz zu normalen Leiterplatten auf mindestens einer Seite extrem feine Leiterbahnen aufweist[3] um der hohen Dichte von Anschlüssen auf der Halbleiterrückseite gerecht zu

[2]Systemebene ist die Ebene innerhalb eines elektronischen Bauteiles auf der mehrere einzelne passive oder aktive Bauelemente zu einem System verpackt sind; beispielsweise Speicher und Prozessor innerhalb eines Computers.

[3]Leiterbahnbreite im Bereich 1-2 μm

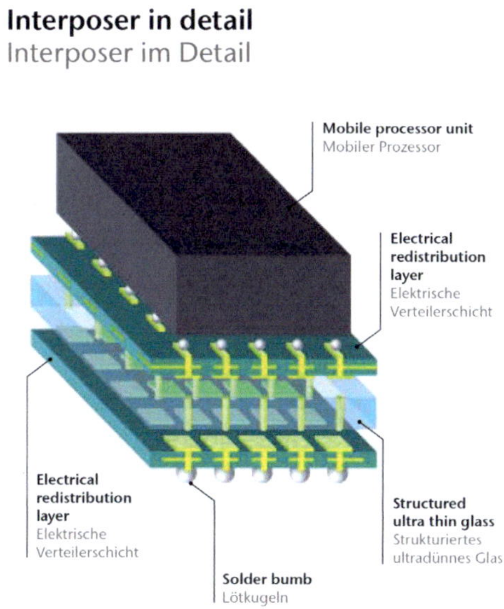

Abbildung 2.2: Interposer mit Glas in schematischer Darstellung. Dabei bilden die obere und untere elektrische Verteilerschicht zusammen mit dem ultradünnen Glas den Interposer. Abbildung aus: SCHOTT Solutions, 2018.

werden. Auf der Rückseite des Interposers wird die darunterliegende Leiterplatte mit für die Leiterplattenindustrie üblichen Leiterbahnbreiten von $\approx 100\ \mu m$ an umliegende Systeme angeschlossen. In unseren Veröffentlichungen [SJL+16], [LJS17] und [LZV+18] untersuchen wir Eigenschaften und Prozesse zur Entwicklung glasbasierter Interposer und Hochfrequenzschaltungen. Diese Untersuchungen führten u.a. zu den Patenten: [Jot16], [PJS16], [JWRW18], [LLH+19]
Der Interposer ist in heutigen Produkten[4] ebenfalls aus Silizium gefertigt, da für Silizium die entsprechenden Massenproduktionsprozesse vorhanden sind. In der Massenproduktion von elektronischen Bauteilen

[4]Beispielsweise haben die Grafikkarten des Herstellers AMD ab der Serie „Radeon R300“ einen Siliziuminterposer zum Anschließen der Speicherchips an den Prozessor. Vgl. [Gol20]

ist neben den Materialkosten die Ausbeute[5] ein sehr wichtiges Thema. Deshalb gibt es vor allem in der IC-Packaging-Industrie die Bestrebung auf größeren Flächen zu fertigen. Ein gängiges Silizium-Wafer-Format ist beispielsweise 12 Zoll (300 mm Durchmesser) welches dann durch ein Plattenformat $> 500\ mm\ x\ 500\ mm$ ersetzt werden würde. Da diese Großformate in der monokristallinen Siliziumherstellung sehr teuer wären, bietet der Werkstoff Glas eine Alternative, welche im Vergleich zu Silizium kostengünstig in den geforderten Formaten hergestellt werden kann. Bei den vormals genannten Formaten und einer wegen der Miniaturisierung geforderten Glasdicke von $< 150\ \mu m$ spielt vor allem wegen der extrem ausbeutesensitiven Halbleiterindustrie die Festigkeit der Glasplatten eine besondere Rolle.

2.1.2 Displays

Seit Beginn der Verdrängung der Röhrenbildschirme durch die Flüssigkristalltechnologie in den neunziger Jahren differenzieren sich die großen Displayhersteller wie Samsung Display, BOE oder LG Display im Wesentlichen über immer höhere Pixeldichten ihrer Produkte. Seitdem hier ein technischer Stand erreicht wurde, bei dem eine weitere Verkleinerung des Pixelabstandes nicht mehr mit bloßem Auge bei normalem Betrachtungsabstand sichtbar ist, ist folglich eine weitere Differenzierung durch Pixeldichtenerhöhung wirtschaftlich nicht sinnvoll. [OV05] Wie im Bild 2.3 zu erkennen ist, zeichnet sich neben der Form und dem Energieverbrauch der Smartphonedisplays am Markt eine neue Bestrebung zur Differenzierung der Produkte ab: die Entwicklung flexibler Displays. Natürlich erscheint es zunächst kontraintuitiv bei flexiblen Displaytechnologien an den Werkstoff Glas zu denken, zumal die ersten Produkte mit flexiblen Displays auf Polymerbasis her-

[5] Ausbeute bezeichnet in diesem Fall den prozentualen Anteil der Produkte, die nach einem bestimmten Prozess die vorher gesetzten Qualitätsanforderungen erfüllen.

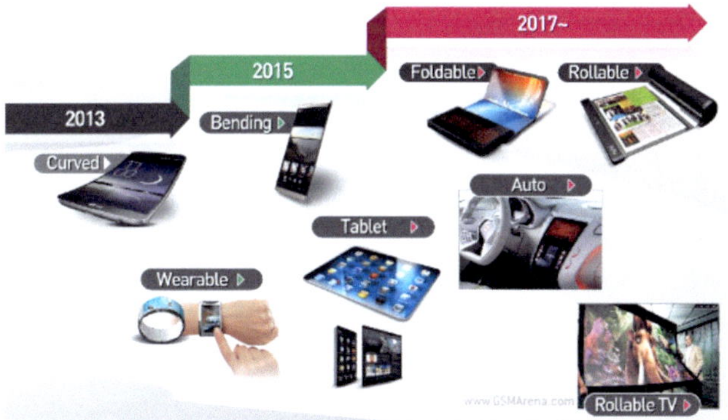

Abbildung 2.3: Display Innovationsroadmap des Herstellers LG Display, visualisiert von GSMarena.com [GSM20].

gestellt sind bzw. einen Schutzfilm aus Polymer haben. [The20] Jedoch hat dünnes, und somit flexibles Glas als Displayschutzscheibe einige Vorteile in einer Anwendung, beispielsweise im Smartphone, gegenüber den derzeit verwendeten Polyimiden. So bevorzugen Smartphonekäufer die Haptik von Glas deutlich gegenüber der Haptik von Polymeren. Auch bei technischen Kriterien wie der chemischen Beständigkeit, vor allem über längere Zeiträume hinweg, und potentiellen Kostenvorteilen in der großtechnischen Herstellung ist die Verwendung von Glas vorteilhaft. Unter anderem wurde dieser Sachverhalt detaillierter in unserer Veröffentlichung [HJW+17] betrachtet. Auch dort kamen wir zu dem Schluss, dass die größte technische Herausforderung bzw. der größte Nachteil von Glas gegenüber Polymeren in dieser Anwendung die mechanische Festigkeit und Stabilität ist. Lösungen hierfür sind in unseren Patenten [HCJH19] und [ZJHD20] offenbart.

2.2 Biotechnologie

2.2.1 Mikroskopieglas

Seit Ende der sechziger Jahre verwendet man im Bereich der Lichtmikroskopie Objektträger und Deckgläser, zwischen die das zu mikroskopierende Objekt gelegt wird, vgl. Abbildung 2.4. Dabei sind sowohl Objektträger als auch Deckgläschen aus dem Werkstoff Glas und ca. 1 mm respektive 145 μm dick. Während beim Objektträger

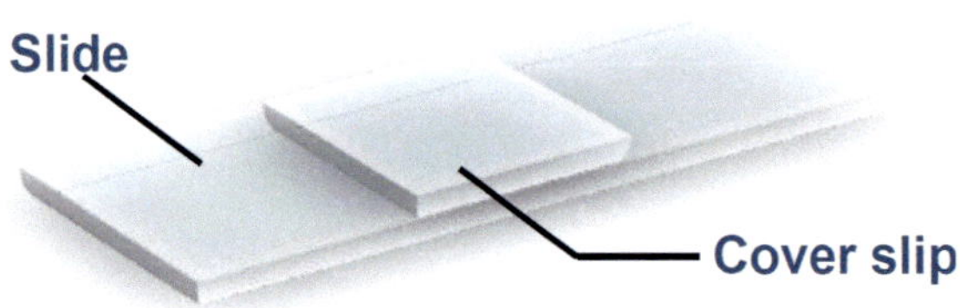

Abbildung 2.4: Schematische Darstellung von Objektträger und Deckgläschen. Bild: SCHOTT AG

nicht nur die Dicke des Glases selbst, sondern vor allem auch die entsprechende (Biege-)Steifigkeit in der Applikation eine Rolle spielt, muss das Deckglas eine hohe Transmission und homogene Dickenverteilung besitzen um eine optimale Abbildung im Lichtmikroskop zu ermöglichen. Neben den rein optischen Eigenschaften ist die chemische Beständigkeit des verwendeten Glases wichtig, da die Gläser in direktem Kontakt mit den zu mikroskopierenden Objekten sind. Für die großtechnische Herstellung ultradünner Gläser ist in den sechziger Jahren eine Glassynthese sowie ein Heißformgebungsprozess entwickelt worden. Dieser sogenannte Down-Draw-Prozess ermöglicht heute die hochpräzise Herstellung ultradünner Gläser auch für Applikationen jenseits der Mikroskopiegläser, siehe auch Kapitel 3.1.2.4, [Jot17b] sowie [Jot17a]. Die mechanischen Eigenschaften der Mikroskopiedeckgläser rückten mit zunehmender Automatisierung der Labors stärker in den Fokus, da viele Deckgläschen mittlerweile automatisch geladen und weiterverarbeitet werden. Deshalb müssen Festigkeit und deren geometrische Spezifikationen deutlich strengeren Anforderungen genügen.

2.2.2 Mikrofluidik

Ein jüngerer Zweig innerhalb der Biotechnologie erlaubt es Flüssigkeiten in sehr kleinen Mengen mit entsprechenden Reagenzien zusammenzuführen. Sowohl in der medizinischen Diagnostik als auch in der Gensequenzierung findet die Mikrofluidik Anwendungsfelder. Wie in Abbildung 2.5 zu erkennen ist eine mikrofluidische Zelle zur

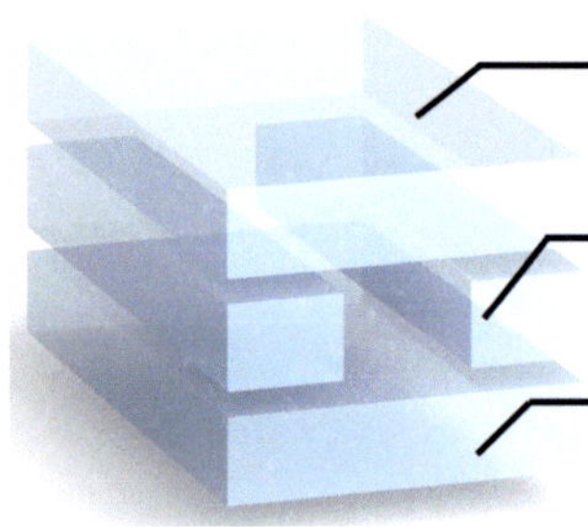

Abbildung 2.5: Schematische Darstellung einer mikrofluidischen Zelle. Bild: SCHOTT AG

Gen-Sequenzierung so aufgebaut, dass sich in einem Bodenglas ($\approx$ 500 μm Dicke) sogenannte „Nanowells“, ca. 50 nm große Vertiefungen, befinden. Diese enthalten wiederum Reagenzien, die in Abhängigkeit des DNA-Basenpaares fluoreszieren. Hierzu werden auch dedizierte Materialentwicklungen vorangetrieben, siehe dazu unser Patent [FXQ+19]. Ein weiteres Glas mit kanalartigen Strukturen ($\approx$ 100 μm Dicke) ist auf das Bodenglas gebondet, um der zu untersuchenden Flüssigkeit eine „Flussrichtung“ vorzugeben.

Zur Illustration des „Interposerglases“ zeigt die Abbildung 2.6 ein flexibles Glassubstrat aus SCHOTT AF32 mit mikrofluidischen Teststrukturen. Die Strukturierungstechnologie, die sich hinter diesem Substrat verbirgt wurde vom Autor dieser Dissertation maßgeblich mitentwickelt und industrialisiert.

Abbildung 2.6: Flexibles, strukturiertes Glassubstrat aus 100 μm dickem SCHOTT AF32 mit mikrofluidischen Teststrukturen. Bild: SCHOTT AG

Siehe hierzu auch [Jot18], [JM18], [ORL$^+$18] und [SCH20a]. Ein zusätzliches Glas ($\approx$ 400 μm Dicke) fungiert als Deckel für die Zelle. Durch Belichtung der Zelle und gleichzeitigem Auswerten der Fluoreszenz ist es möglich das Erbgut zu sequenzieren. Da es sich hier um ein Verbrauchsgut für den Laborgebrauch handelt, muss sowohl bei der Herstellung der Zellen als auch im fertigen Zustand eine gewisse grundlegende mechanische Festigkeit sichergestellt sein. Folglich sind auch hier festigkeitsoptimierte Separations- und Weiterverarbeitungsverfahren von hoher Bedeutung.

3 Stand der Technik und Einordnung in das Wissenschaftliche Umfeld

3.1 Ultradünne Technische Gläser, deren Herstellung und Nachverarbeitung

3.1.1 Materialien

Die heute am Markt verfügbaren ultradünnen Spezialgläser sind drei Glassystemen zuzuordnen. Erstens sind die meisten der derzeit am Markt verfügbaren Ultradünngläser alkalifreie Alumo-Borosilikatgläser, da die entsprechenden Heißformgebungsmethoden und Glaszusammensetzungen im großen Stile für Dünnfilmtransistor-Display-Anwendungen benutzt werden. Hierzu siehe auch Kapitel 2.1.2.
Die großtechnisch hergestellten Standarddicken belaufen sich dabei von 200 μm bis zu 700 μm, während namhafte Spezialglashersteller ebenfalls ein Derivat ihrer alkalifreien Gläser bis hinunter auf 50 μm, teilweise sogar 25 μm anbieten. Siehe hierzu [AGC20], [Cor20], [Nip20] und [SCH20d].
Zweitens ist ein weiteres Glassystem, ein alkalihaltiges Borosilikatglas der SCHOTT AG, D263Teco ebenfalls im ultradünnen Format verfügbar [SCH20b].

Drittens sind Gläser aus dem Alumo-Silikatsystem (AS) in ultradünner Form verfügbar [SCH20c]. Die in der Anwendung der Glassysteme erreichbare Festigkeit unterscheidet sich hierbei deutlich. Der Unterschied liegt im Wesentlichen an der Möglichkeit in alkalihaltigen (Boro-)Silikatgläsern einen Ionenaustausch durchzuführen und damit signifikant Druckspannung in die Oberfläche einzubringen, die festigkeitssteigernd wirkt. Glasentwicklungen, die sich speziell auf Hochfrequenzanwendungen beziehen, sind im Patent [LLH+19] offenbart. Da sich vorliegende Ausführungen der Entwicklung eines Trennverfahrens für ultradünnes Glas widmen und damit den oberflächenrelevanten Anteil und weniger den materialrelevanten Anteil von Festigkeit betrachten, wurde die Prozessentwicklung an alkalifreien Gläsern durchgeführt.

3.1.2 Formgebung

Um den hohen Umformfaktor der hier betrachteten ultradünnen Gläser zu erreichen, wird selbstverständlich ein besonderer Wert auf das Heißformgebungsverfahren gelegt. Die Flachglasindustrie kennt mehrere Urformverfahren, welche in der industriellen Glasherstellung direkt mit der Schmelze gekoppelt sind:

3.1.2.1 Walzprozess

Abbildung 3.1: Bild eines durch Walzen hergestellten, etwa 1,5 m breiten Flachglases zum Gusszeitpunkt. Bild: SCHOTT AG

Beim diskontinuierlichen Walzprozess handelt es sich um eine alte, inzwischen antiquierte Flachglas-Herstellungsart. Hierbei wird ein sogenannter „Hafen“ mit den entsprechenden Glasrohstoffen gefüllt und diese dann im dafür vorgesehenen Schmelzofen geschmolzen. Der Inhalt des Hafens wird in eine Walzvorrichtung gegossen, welche dann durch die Einstellung des Abstandes der Walzen die Glasdicke definiert. Die hierbei erreichbaren Dickentoleranzen sind im Millimeterbereich und somit für die Herstellung ultradünner Gläser nicht geeignet.

3.1.2.2 Up-Draw oder Fourcault Prozess

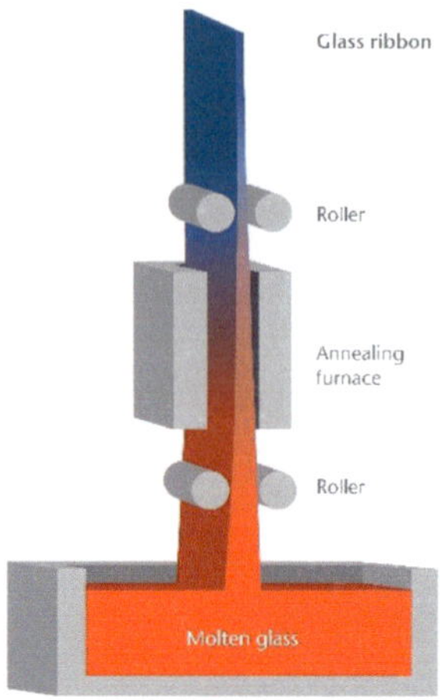

Abbildung 3.2: Schematische Darstellung des Up-Draw-Prozesses. Bild: SCHOTT AG

Beim Up-Draw-Prozess wird das kontinuierlich geschmolzene Glas durch eine Keramikdüse durch einen Kühlschacht mittels einer großen Anzahl an Rollenpaaren nach oben gezogen. Auch dieser Prozess ist wegen seiner standardmäßigen Auslegung auf Gläser unter 1 mm Dicke nicht geeignet zur Herstellung von ultradünnen Gläsern. Weiterhin ist ultradünnes Glas der Krafteinwirkung mehrerer dutzend Rollenpaare durch die fehlende mechanische Stabilität nicht gewachsen.

3.1.2.3 Floatprozess

Beim sogenannten Floatprozess wird dem direkt aus der kontinuierlichen Schmelze kommenden Glas auf einem flüssigen Zinnbad Form gegeben. Die formgebenden Elemente hierbei sind Rollenpaare an der Seite des Zinnbades, die den heißen, auf dem Zinn schwimmenden Flachglasfilm, in die gewünschte Form ziehen. Der größte Teil der

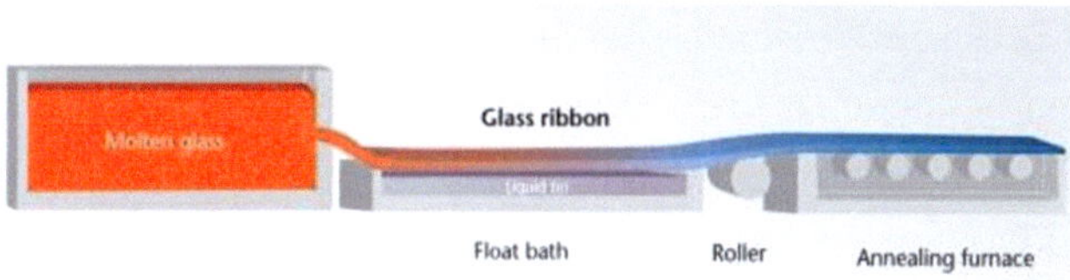

Abbildung 3.3: Schematische Darstellung des Microfloatprozesses. Bild: SCHOTT AG

weltweit hergestellten Flachgläser wird in diesem Verfahren hergestellt. Dies liegt sowohl an seiner Wirtschaftlichkeit als auch an seiner formatmäßigen Skalierbarkeit. Der typische Durchsatz einer Floatglaswanne beträgt etwa 1200 Tonnen pro Tag und ist schon wegen der daraus resultierenden Geschwindigkeit des Glasbandes nicht für die Herstellung von ultradünnen Gläsern geeignet.[AG08] Spezialfloataggregate können jedoch ultradünne Gläser bis zu 50 μm Dicke herstellen.

3.1.2.4 Down-Draw-Prozess

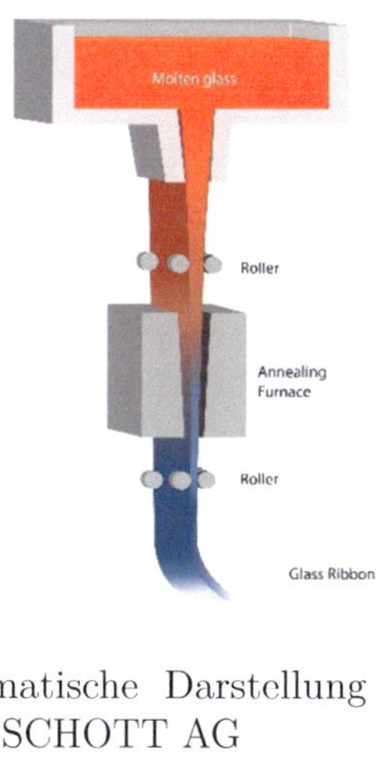

Abbildung 3.4: Schematische Darstellung des Down-Draw-Prozess Bild: SCHOTT AG

Beim Down-Draw-Prozess handelt es sich quasi um das Gegenstück zum oben beschriebenen Up-Draw-Prozess. Hierbei wird ein Glasband von einem Formgebungsbauteil mit Hilfe weniger Rollenpaare nach unten hin abgezogen und durch gezielte Steuerung der Ziehgeschwindigkeit die Glasdicke eingestellt. Auf diese Art und Weise hergestellte Gläser entsprechen höchsten optischen und geometrischen Qualitäten. Hiermit ist es ebenso möglich ultradünne Gläser bis hinunter zu 30 μm in einem kontinuierlichen Prozess herzustellen.

3.1.3 Industrietypische Nachverarbeitungsschritte

Da es sich bei den Anwendungen ultradünner Gläser zumeist um Hightech-Anwendungen handelt, sind die mit den Nachbearbeitungsprozessen verbundenen Toleranzen deutlich kleiner als in der Glasindustrie üblich.

3.1.3.1 Zuschneiden

Wie oben bereits erklärt, wird ultradünnes Glas als Endlosband im Down-Draw-Prozess hergestellt. Um auf ein in der Anwendung erforderliches Format zu kommen muss folglich ein Trennprozess stattfinden. Üblicherweise werden ultradünne Gläser entweder auf Rollen aufgerollt (siehe auch [RJW+16], [JB15]) und später zur weiteren Vereinzelung langsam wieder abgerollt oder direkt an der Fertigungslinie zu Glasplatten eines vorgegebenen Formates verarbeitet (siehe auch [BRJ16], [JNH16], [HCJO20]). Die vorliegende Arbeit bezieht sich auf die Weiterentwicklung des Zuschneidens bzw. Trennens zur Anpassung auf ultradünne Gläser.

3.1.3.2 Kantenbearbeitung

Bei dünnen Gläsern ist, z.B. bei der Anwendung als Wafer in der Halbleiterindustrie eine bestimmte Kantenbearbeitung vorgeschrieben. Diese Kantenbearbeitung, (Semi Notch, Semi Flat[1]) sorgt für einen Anschlag am Bauteil welcher eine Verdrehung ausschließt und der umlaufende C-Kantenschliff sorgt für Abrundung ggf. verletzungsgefährlicher Kanten. Eine nachträgliche Kantenbearbeitung von ultradünnen Gläsern, ist hingegen wegen der geringen mechanischen Stabilität des Glases mit konventionellen Technologien nicht wirtschaftlich realisierbar. Wie im Patent [JHCE+17] beschrieben, sind hier neuartige Optionen in Diskussion.

3.1.3.3 Oberflächenbearbeitung

Gläser, die im Wesentlichen aus dem Floatprozess kommen und noch nicht die von der Anwendung geforderte Oberflächengüte innehaben, werden in einem nachfolgenden Prozess geschliffen, geläppt, oder poliert. In Waferformaten ist es möglich, durch einseitiges Läppen oder Polieren des Glases auf einem Trägermaterial äußerst dünne Glassubstrate herzustellen. Dies ist natürlich aus Kostengründen weit weniger attraktiv als die Urformgebung der entsprechenden Glassubstratdicke in den beschriebenen Heißformgebungsprozessen.

3.1.3.4 Reinigen

Glassubstrate, welche zur späteren Verwendung in der Halbleiterindustrie vorgesehen sind, müssen hohen Sauberkeitsstandards genügen. Die hierfür erforderlichen Reinheitsgrade sind ausschließlich in Rein-

[1]Bei Semi Notch und Flat handelt es sich um eine Einkerbung(Notch) bzw. eine Abflachung (Flat) an sonst runden Wafern, welche dazu dient, eine Grobausrichtung des Wafers an einem entsprechenden Anschlag in der dafür vorgesehenen Anlage zu ermöglichen. Diese sind in der SEMI-Norm M1-0302 in Abhängigkeit der Wafergröße definiert.

räumen erreichbar. Industrielle Reinigungsanlagen hierfür bestehen aus mehreren ultraschallgestützten Tauchbädern mit unterschiedlichen basischen und sauren Chemikalien, sowie mehrere Reinigungskaskaden mit hochreinem Wasser.

3.1.3.5 Strukturieren

Je nach Anwendung von dünnen und ultradünnen Gläsern ist ein weiterer Nachbearbeitungs- und auch Wertschöpfungsschritt die Strukturierung. Verschiedene Verfahren von Sandstrahlen über Ultraschallschwingläppen, über Lithographie und entsprechende Ätzprozesse sowie Elektroerosion, Laser- und proprietäre Prozesse sind hier im Einsatz. Die Anwendung konventioneller Dünnglas-Strukturierungs-Verfahren auf ultradünne Gläser ist auch hier durch die mechanische Instabilität stark eingeschränkt.

3.2 Festigkeit von Gläsern und gebräuchliche Testverfahren

3.2.1 Festigkeit von Gläsern

Im Allgemeinen soll die Festigkeitslehre „Spannungen und Verformungen in einem Bauteil ermitteln und nachweisen, dass sie mit ausreichender Sicherheit gegen Versagen des Bauteils aufgenommen werden.“[GF11] Bedingt durch überwiegende Anzahl an Ionen- und kovalenten Bindungen in Gläsern sind die Moleküle relativ immobil im Vergleich zu anderen Werkstoffen, wie z.B. Metallen. Deshalb können plastische Verformungsmechanismen bei Silikatgläsern nicht oder nur in sehr geringem Maße beobachtet werden. Folglich haben diese auch eine relativ hohe Härte und zeigen ein Sprödbruchverhalten im Versagensfall.

Im Folgenden wird der wissenschaftliche Stand und die Kernbegriffe sprödbrüchiger Gläser zusammengefasst, um als Grundlage für die darauffolgenden Untersuchungen zu dienen. [KBU76], [Dav79], [WCM09], [MF99]

3.2.2 Sprödbruch und Bruchzähigkeit

Generell haben Untersuchungen an Silikatgläsern und Keramiken gezeigt, dass die Spannungen bei plastischer Materialverformung um den Faktor 10 höher sind als deren Zugfestigkeit. Folglich können lokale Spannungsüberhöhungen nicht durch plastische Verformung ausgeglichen werden [Ker70], [KBU76], [Dav79], [WCM09], [MF99]. Deshalb wird das Auftreten von Sprödbruch bei Gläsern durch das Vorhandensein von Fehlstellen im Material oder an seiner Oberfläche definiert. Diese Fehlstellen können unter Anderem durch den Produktionsprozess, durch die Nachverarbeitung und Reinigung oder durch Handhabung bzw. Transport des Materials entstehen. Ein einfacher Fall des Sprödbruchs ist der einer riss-ähnlichen Fehlstelle im rechtwinklig einachsigen, homogenen Spannungszustand (Bruchmodus 1). [TG70]

Es liegt auf der Hand, dass ein Bruch nur dann entstehen kann, wenn alle Atombindungen in einer Ebene versagen. Die theoretische Spannung, die nötig ist um eine Bindung zu zerstören liegt etwa zwischen einem Fünftel und einem Zwanzigstel des Elastizitätsmoduls des entsprechenden Sprödbruchmaterials. [Law93] Aus empirischen Erfahrungen wird aber deutlich, dass Versagensphänomene bei Silikatgläsern bereits bei $E/1000$ auftreten (E: Elastizitätsmodul). Daraus wird deutlich, dass im Wesentlichen lokale Spannungsüberhöhungen verursacht durch Fehlstellen für das Versagen von Gläsern verantwortlich sind. Bei länglichen, riss-förmigen Defekten geht man von einem sog. Spannungsintensitätsfaktor K aus, der sich im homogenen Spannungsfeld folgendermaßen berechnet: [GS11], [Law93]

$$K = \sigma Y \sqrt{\pi a} \tag{3.1}$$

σ stellt dabei die Spannung des Bauteils im ungebrochenen Zustand dar, a die Risslänge und Y ist der einheitenlose Geometriefaktor, der mit Literaturwerten bestimmt werden kann. Er bewegt sich im Bereich um 1. [Mur87], [Tad85], [NJR81] Neben dem beschriebenen K-Konzept können Rissausbreitungsphänomene auch mit der Theorie von Griffith beschrieben werden.[Gri21] Nach Griffith werden Risse nur dann größer, wenn die Rissausbreitung die Gesamtenergie des Körpers verringert. Folglich muss es eine kritische Risslänge a_c geben, die als Schwellwert zwischen Rissen, die „nicht wachsen“ $a < a_c$ und welchen, die $a > a_c$ „wachsen“ fungiert. In der linear elastischen Bruchmechanik entspricht die freiwerdende Gesamtenergie durch die Rissausbreitung bzw. die freigesetze Bindungsenergie G im ebenen Verzerrungszustand der Freisetzungsrate der Formänderungsarbeit bzw. der Energie, die dafür notwendig ist, eine neue Oberfläche zu bilden $\frac{K^2}{E}$ [Law93],[GS11]. Somit gilt für einen ebenen Verzerrungszustand:

$$G = \frac{K^2}{E} \tag{3.2}$$

Nach Griffith gibt es nur dann weiteres Risswachstum, falls:

$$G \geq G_c \tag{3.3}$$

Setzt man nun Gleichung 3.2 in Gleichung 3.3 ein, so ergibt sich das sog. „Griffith/Irwin Kriterium“

$$K \geq K_c \tag{3.4}$$

Daraus ergibt sich der kritische Spannungsintensitätsfaktor,

$$K_c = \sqrt{E \cdot G_c} \tag{3.5}$$

der auch als „Bruchzähigkeit“ oder „Fracture Toughness“ bezeichnet wird. Setzt man nun Gleichung 3.1 in Gleichung 3.4 ein und löst nach der Spannung auf, so erhält man die Spannung bei Bruch zu:

$$\sigma_c = \frac{K_c}{Y\sqrt{\pi a}} \tag{3.6}$$

3.2.3 Typische Versagensarten

In der Praxis lassen sich drei wesentliche Versagensarten unterscheiden. Temperaturschockversagen, Kontaktversagen und Biegeversagen. Beim Temperaturschock handelt es sich um sehr schnelle Temperaturwechsel innerhalb des Materials, welche zu hohen Spannungsgradienten führen und lokal wie im Kapitel 3.2.2 erklärt zu überkritischen Spannungsintensitäten führen können.
Beim Kontaktversagen lassen sich wiederum zwei Fälle unterscheiden, der sogenannte stumpfe, hertzsche oder „blunt“ Kontakt sowie der spitze oder „sharp“ Kontakt. Im Folgenden wird vor allem tiefer auf den spitzen Kontakt eingegangen, da der im Verlauf der Arbeit entwickelte Prozess mit einer Aneinanderreihung von spitzen Kontakten oder auch „Indents“ arbeitet.

3.2.4 Hauptrisstypen bei Kontaktversagen

Wie in Abbildung 3.5 zu sehen ist, beobachten [CP90] fünf unterschiedliche Hauptrisstypen in ihren Versuchen.

- „Cone“-Risse werden dabei typischerweise durch die elastische Belastung durch einen stumpfen oder kugelförmigen Prüfkörper

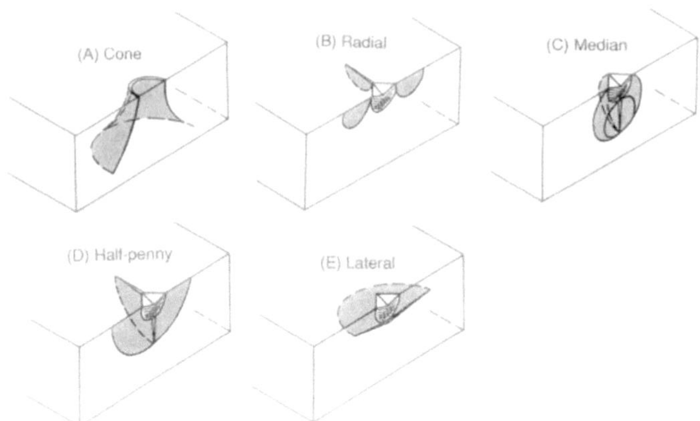

Abbildung 3.5: Schematische Darstellung der Hauptrisstypen bei Indentation. [CP90]

erzeugt. Sie beginnen an der Oberfläche mit ringförmigen Riss und setzen sich in die Tiefe in einem spezifischen Winkel zur Lastachse fort.

- „Radial" Risse entstehen durch eine plastische Verformung der Eindruckfläche. Diese können eine Rissausbreitung parallel zur Lastachse zur Folge haben, die ihren Ursprung an den durch den Vickersindenter eingeprägten Ecken des elastisch-plastischen Eindrucks haben. Radialrisse bleiben dabei relativ oberflächennah.

- „Median"-Risse verlaufen ebenfalls parallel zur Lastachse, entstehen aber direkt unter dem elastisch-plastischen Verformungsbereich. Sie sind kreis- oder kreissegmentförmig und werden entweder durch die Prüfkörperoberfläche oder den elastisch-plastischen Verformungsbereich begrenzt und haben einen Tiefenriss.

- Der „Half-Penny"-Riss zeichnet sich durch seine halbkreisförmige, an den Ecken des Indenters endende Form aus. Auch der Half-

Penny hat einen Tiefenriss. Dabei bleibt oft unklar ob der Half-Penny Riss aus einem sich vergrößernden Radialriss hervorgeht oder aus einem zur Oberfläche hin wachsenden Medianriss.

- „Laterale Risse“ verlaufen im Wesentlichen rechtwinklig zur Lastachse. Sie beginnen ebenfalls unter der Deformationszone, verlaufen kreisförmig und bleiben relativ oberflächennah.

3.2.5 Median- und Half-Penny-Risse

Um einen Trennprozess in Form einer Aneinanderreihung von mechanischen Indents entwickeln zu können, ist das Vorhandensein eines Tiefenrisses von zentraler Bedeutung, da das Werkstück sonst nicht oder nicht entlang der gewünschten Linie gebrochen werden kann. Die beiden in der Wissenschaft bekannten Bruchmorphologien mit Tiefenriss sind wie im Kapitel 3.2.4 beschrieben der Median-Riss und der Half-Penny Riss.[CP90], [LEM80], [WH01]

Tiefenrisse sind vor allem in Kalk-Natron-Glas gut untersucht.(siehe [LEM80], [CP90]) Ab einer Eindruckkraft von > 20 N je nach verwendetem Indenter bilden sich Medianrisse unterhalb der plastisch-elastischen Deformationszone aus. Diese entstehen auf der Mikroebene höchstwahrscheinlich durch Scherspannungen an der Zonengrenze zwischen Deformationszone und dem umliegenden Material. Diese Vorgänge sind bis heute Gegenstand wissenschaftlicher Untersuchungen. (siehe dazu [BUF$^+$20]) Beim Zurücknehmen der Kraft entsteht in der Folge ein quasi kreisförmiger Riss, der beim vollständigen Zurücknehmen der Kraft in einen Half-Penny Riss mündet. Der Eindruck führt also zum Einen zu bleibenden, plastischen Deformationen und zum Anderen zu einer elastischen Rückfederung des Materials. Für Kalk-Natron-Gläser gibt es eine quantitative Näherung von [LEM80] zur Berechnung der

Risstiefe als Funktion von Materialeigenschaften, der Indentergeometrie und der Eindruckkraft. (siehe auch [Sch15])

3.2.6 Schädigungsmechanismen von Gläsern

Im folgenden Abschnitt sind die Versagensmechanismen von Gläsern in technischen Anwendungen beschrieben. (siehe [Dan91])

3.2.6.1 Plötzliches, katastrophales Versagen

Dies ist die in technischen Anwendungen von Gläsern am Meisten anzutreffende Schädigungsform. Dabei wächst ein einzelner (kritischer) Riss extrem schnell, sodass sobald die kritische Spannung in das Material eingebracht ist, der katastrophale Bruch erfolgt, siehe auch Kapitel 3.2.2. Kleinere Risse können auch durch unterkritisches Risswachstum, Materialermüdung, Verformung oder Korrosion zu kritischen Rissen heranwachsen. Die hierfür benötigte Zeit bestimmt die Lebensdauer des Bauteils. Am Ende steht jedoch immer das katastrophale Versagen.

3.2.6.2 Unterkritisches Risswachstum

Unterkritisches Risswachstum wird verursacht durch das thermisch induzierte Lösen von Atombindungen an einer mit Spannung beaufschlagten Rissspitze. Es kann dabei durch zusätzliche korrosive Angriffe polarer Moleküle wie Wasser oder Wasserdampf begünstigt werden und ähnelt daher der Spannungsrisskorrosion in Metallen. Folglich kann es zu verzögertem Bauteilversagen führen, ohne vorangegangene plastische Deformation des Materials. Ein mitunter kleiner Anteil von unterkritischem Risswachstum ist immer Teil des plötzlichen Versagens. Wird die kritische Spannung jedoch schnell in das Bauteil eingebracht, so ist der Anteil vernachlässigbar klein. [Sch90], [Wie67], [MF82], [MB88]

3.2.6.3 Materialermüdung unter zyklischer Belastung

In Gläsern bezieht sich Materialermüdung auf die wiederholte, zyklische Belastung eines Bauteils und die daraus folgende schleichende Schädigung des Gefüges. Zum Beispiel bei einer Beschädigung der vorhandenen Rissstruktur beim Schließen des Risses im Entlastungszyklus. Zyklische Belastungen werden im Weiteren Verlauf der Arbeit nicht betrachtet, da diese in Anbetracht des Zieles der Arbeit von untergeordneter Bedeutung sind. [DYR87], [GL91]

3.2.6.4 Kriechen

Sowohl kriechende Verformung als auch Beschädigung des Bauteils ist sehr selten bei Gläsern. Wenn diese überhaupt auftritt, dann nur wegen ihrer hohen Aktivierungsenergie in der Nähe der Schmelztemperatur. Kriechbeschädigungen gehen zumeist mit der Entstehung von Poren einher. Deshalb wird Kriechen in den weiteren Ausführungen nicht betrachtet. [BA80], [FA82], [Rie87]

3.2.6.5 Korrosion

In Abhängigkeit vom Material kann Korrosion schwere Beschädigungen herbeiführen. Oxidation des Materials kann sogar zu dessen Auflösung führen. [NG08], [SGN+98], [AB93]) Weiterhin konnten [WHK+04] die Ausbildung einer dünnen Siliziumdioxidhaltigen Schicht auf Glasoberflächen, sowie eine bessere Schneidbarkeit abgelagerter Gläser beobachten. Folglich wurde das Produktionsdatum als Einflussgröße in der vorliegenden Untersuchung aufgenommen. Zusätzlich kann Korrosion durch die Anwesenheit von Wasser(dampf) an der Rissspitze zu einer Erhöhung der Rissgeschwindigkeit bzw. Herabsetzung der nötigen Energie zum Risswachstum bzw. -initation führen, siehe Kapitel 3.2.6.2.

3.2.7 Statistische Betrachtung von Bruchereignissen

3.2.7.1 Die Weibullverteilung

Wie bei den im Kapitel 3.2.8.1 beschriebenen Kantenfestigkeitsmessverfahren liegt den meisten Lebensdauerbeobachtungen eine Weibullverteilung zugrunde. Weiterhin wird die Weibullverteilung in Literatur und Praxis zur Modellierung der Festigkeit von Glas weitreichend verwendet. In der grundlegenden Veröffentlichung von Weibull aus dem Jahr 1951 [Wei51] bemüht der schwedische Ingenieur das gedankliche Bild einer Kette. Um die Ausfallwahrscheinlichkeit einer Kette zu bestimmen, wurden die Einzelwahrscheinlichkeiten F_i des Ausfalles jedes einzelnen Kettengliedes bei einer bestimmten Last x bestimmt. Wenn also eines der i Kettenglieder unter der Last x versagt hat, dann versagt die gesamte Kette. Folglich ist die Überlebenswahrscheinlichkeit $(1 - F_i)$ der Kette genauso groß wie die Wahrscheinlichkeit des gleichzeitigen Überlebens aller Kettenglieder $(1 - F)^i$.

$$(1 - F_i) = (1 - F)^i \tag{3.7}$$

Weiterhin postuliert Weibull, dass jede Verteilungsfunktion in der Form $F(x) = 1 - e^{-i\varphi(x)}$ geschrieben werden kann. Die Funktion $\varphi(x)$ bestimmt Weibull als $\frac{(x-x_u)^m}{x_0}$. In einem Kommentar zum ursprünglichen Artikel wird die Funktion korrigiert zu $(\frac{x-x_u}{x_0})^m$. [TMM52] x_0 ist dabei der Lageparameter der Verteilung, auch „charakteristischer Wert“ genannt, x_u ein weiterer Parameter. Die ursprüngliche Version der Weibullverteilung hat also drei Parameter. Übertragen auf bruchstatistische Phänomene würde der Parameter x_u einen Schwellwert darstellen, unter dem die Bruchwahrscheinlichkeit 0 ist. Diese Annahme kann zunächst so nicht getroffen werden. Deshalb wird in den folgenden Untersuchungen eine 2-Parameter-Weibull-Verteilung $(x_u = 0)$ angenommen. Die im Folgenden verwendete, zwei Parameter

Version der Verteilungsfunktion lautet:

$$F_i = 1 - e^{\left(\frac{x}{x_0}\right)^m} \tag{3.8}$$

Der Lageparameter der Verteilung x_0 wird als charakteristischer Wert und der Skalenparameter m als Weibull-Modul bezeichnet.

3.2.7.2 Plötzliches Versagen

Bruchstatistik für uniaxiale Spannungsfelder bei rechtwinkligen Rissen Im Wesentlichen gibt es zwei Beobachtungen bei der Ausführung von Bruchexperimenten an Gläsern. Einerseits skaliert die Versagenswahrscheinlichkeit mit der Amplitude der aufgebrachten Spannung und andererseits mit der Länge des Prüfkörpers.
[Dav79], [WCM09], [MF99], [Dan91]
Mit der herkömmlichen Betrachtungsweise eines einzigen Risses in einem Glaskörper, kann diese Beobachtung nicht erklärt werden. Um ein statistisch-mathematisches Erklärungsmodell aufzustellen, müssen folgende Annahmen getroffen werden:

- viele Risse sind im und auf dem Material statistisch verteilt
- zur Vereinfachung wird ein uniaxiales, homogenes Spannungsfeld mit rechtwinklig dazu angeordneten Rissen angenommen
- Risse interagieren nicht und deren Spannungsfelder überlappen sich nicht.

Hieraus folgt die direkte Verbindung zur „Theorie des schwächsten Gliedes", oder „Weakest Link Theory", da das Versagen folglich vom schwächsten Glied bzw. Volumenelement ausgeht. Wie bereits im Kapitel 3.2.2 erklärt, ist das schwächste Glied gleichzusetzen mit der größten Fehlstelle, dem kritischen Riss.

Für eine sehr große Anzahl an Proben ist unter Beachtung der oben genannten Annahmen die Anzahl von kritischen Defekten bei niedrigen Spannungen klein. In diesen Fällen ist also die Bruchwahrscheinlichkeit einer einzelnen Probe klein. Mit steigenden Spannungen steigt folglich auch die Anzahl kritischer Risse im Material und damit die Versagenswahrscheinlichkeit pro Prüfkörper. Demnach skaliert die Versagenswahrscheinlichkeit nicht nur mit der eingebrachten Spannung bzw. Spannungsintensität sondern auch mit der Länge bzw. Oberfläche der Probe. Im weiteren Verlauf der Schneidprozessentwicklung in dieser Arbeit wird deshalb versucht, eine möglichst homogene Defektverteilung zu erreichen und die Defekte gleichzeitig möglichst klein zu halten.
Die in der Wissenschaft verwendete Funktion zur Vorhersage von Bruchwahrscheinlichkeiten in Gläsern und Keramik ist:
[Wei51], [Wei39], [DLSD08]

$$F_{(\sigma,V)} = 1 - e^{[(-\frac{V}{V_0}\frac{\sigma}{\sigma_0})^m]} \tag{3.9}$$

Hierbei ist $F_{(\sigma,V)}$ eine Funktion F in Abhängigkeit von Spannung σ und Materialvolumen V. V_0 ist ein arbiträr wählbares Referenzvolumen und σ_0 bezeichnet die charakteristische Spannung.

Bruchstatistik für uniaxiale Spannungsfelder bei arbiträren Rissen

Um die Aussagefähigkeit der im letzten Abschnitt beschriebenen Theorien zu erhöhen muss die Annahme, es gäbe nur Risse rechtwinklig zur angelegten Spannung aufgehoben werden, denn wie in Kapitel 3.2.4 erklärt entstehen in der Realität u.a. durch Trennprozesse Risse in arbiträre Richtungen. Praktisch bedeutet dies, dass die Anzahl kritischer Risse nicht nur von den Risslängen, sondern auch von den Orientierungen selbiger abhängt. [JT77], [Wei51], [Wei39], [DLSD08]

Es gilt folgende Verallgemeinerung der Gleichung:

$$F_{(\sigma_r,V_{eff})} = 1 - e^{[(-\frac{V_{eff}}{V_0}\frac{\sigma_r}{\sigma_0})^m]} \tag{3.10}$$

In dieser Generalisierung von Gleichung 3.9 wird V durch V_{eff} und σ durch eine arbiträre Referenzspannung σ_r ersetzt. V_{eff}, das effektive Volumenelement, ist definiert durch das Integral über das Spannungsfeld nach dem Volumen, wobei $\vec{r}$ die Richtung des Risses (Rissvektor) ist:

$$V_{eff} = \int_{\sigma>0} (\frac{\sigma(\vec{r})}{\sigma_r})^m dV \tag{3.11}$$

Die Integration erfolgt dabei nur unter den Zugspannungsanteilen, da für die meisten Belastungsfälle wegen der zehnfach höheren Druckspannungsfestigkeit von Gläsern die Druckspannungsanteile keine Rolle spielen (siehe Kapitel 3.2.2). In der Praxis wählt man das Effektivvolumen V_{eff} so, dass ein Prüfkörper bei einem Zugspannungstest die gleiche Zuverlässigkeit zeigt, als wäre das zu prüfende Bauteil/Produkt mit der Referenzspannung σ_r belastet. σ_r ist dabei eine frei gewählte Referenzspannung, welche normalerweise mit der maximalen Feldspannung gleichgesetzt wird. Dies ist der Fall, da viele Bauteile in heutigen Anwendungsfällen ein hohes Weibull-Modul haben $m > 10$ und deshalb nur die stark belasteten Volumenelemente $> 80\ \% \cdot \sigma_r$ signifikant zur Bestimmung des Effektivvolumens beitragen. Im späteren Kapiteln werden obige, allgemeine Gleichungen verwendet um Kantenfestigkeitsphänomene zu beschreiben. Hierbei wird das Effektivvolumen V_{eff} durch die Effektivlänge l_{eff} ersetzt und das Volumen V durch die Länge l, da die signifikanten Beiträge zu l_{eff} der untersuchten Kantenbruchphänomene an der äußersten Zugspannungsfaser der getrennten Kante zu finden sind.

3.2.7.3 Verzögertes Versagen

Wie bereits im Kapitel 3.2.6.2 zum unterkritischen Risswachstum besprochen, beobachtet man bei Gläsern auch zeitabhängige Degradations- bzw. Risswachstumseffekte. Folglich führt unterkritisches Risswachstum zu einer Begrenzung der Lebensdauer eines Glasbauteils. Die in der Wissenschaft übliche Gleichung zur Beschreibung von zeitabhängigen Bruchphänomenen ist: [DLSD08]

$$\int_0^{t_f} \sigma(t)^n dt = \frac{2}{n-2} \cdot \frac{1}{v_0} (\frac{K_c}{Y\sqrt{\pi}})^n \cdot [a_i^{(2-n)/2} - a_c^{(2-n)/2}] \tag{3.12}$$

Die linke Seite der Gleichung 3.12 beschreibt eine Integration von 0 bis zur Lebensdauer t_f über die zeitabhängige Spannungsfunktion $\sigma(t)$ nach der Zeit und beschreibt damit den spannungsabhängigen Zusammenhang zur Lebensdauer. n ist dabei der einheitenlose, feuchte-, material- und temperaturabhängige Lebenszeitexponent. Auf der konstanten, rechten Seite der Gleichung gehen die ebenfalls materialabhängige Startgeschwindigkeit des Risses v_0, die Ausgangsrisslänge a_i sowie die kritische Risslänge a_c mit ein. Ein hoher n-Wert zeigt dabei eine Spannungssituation mit entweder vernachlässigbarem oder sehr schnellem Risswachstum an. Die Materialien verhalten sich also an einem bestimmten Schwellwert „digital“. Für $n \gg 1$ gilt die grobe Approximation $t_f \propto \sigma^{-n}$. Im einfachen Fall, dass ein homogener und uniaxialer Belastungsfall vorliegt, wie es bei der später beschriebenen Stufenwalze an der Glaskante der Fall ist, ergibt sich die Funktion der Risslänge nach der Zeit $a(t)$ zu:

$$a(t) = a_i[1 - \frac{n-2}{2} \cdot \frac{v_i}{a_i} \cdot t]^{2/(2-n)} \tag{3.13}$$

Die Funktion der Risslänge in Abhängigkeit von der Zeit $a(t)$ ist folglich abhängig von der initialen Rissgeschwindigkeit v_i und der initialen Risslänge a_i, dem Lebensdauerexponenten n und der vergangenen Zeit t. Da die Anfangsgeschwindigkeit des Risses v_i in der Praxis weder bekannt ist, noch in den meisten Anwendungsfällen beeinflusst werden kann, ist der am besten herstellerseitig beeinflussbare Parameter bei gleichbleibendem Material in Sachen Lebensdauer die initiale Risslänge a_i. Der entwickelte Trennprozess fußt auf dieser Tatsache. Um im weiteren Verlauf der Arbeit nachweisen zu können, dass die zunehmende Belastung, mit der ein Prüfkörper auf der entwickelten Stufenwalze beaufschlagt wird, keinen oder einen sehr geringen Einfluss auf das Ergebnis hat, wird das Wissen um die Gleichungen 3.12 und 3.13 benötigt.

3.2.8 Etablierte Testverfahren für Kantenfestigkeit

3.2.8.1 Vier-Punkt-Biegung und Drei-Punkt-Biegung

In der Norm DIN EN 843-1 findet man eine detaillierte Beschreibung der Prüfeinrichtungen und des Verfahrens zur verlässlichen Bestimmung der Kantenfestigkeit von monolithischer Keramik und auch Gläsern. [DIN08]

Eine Prüfapparatur ist wie in der Abbildung 3.6 zu sehen aufzubauen, und je nach gewähltem Verfahren mit drei oder vier Auflagepunkten zu versehen. Je nach Ausführungsform der Prüfapparatur gibt es definierte Abmaße und Grenzabmaße für die Probekörper. In der Tabelle in Abbildung 3.7 ist zu erkennen, dass die Probekörper zwischen 2 mm und 4 mm dick sein müssen.

Das Prinzip der Prüfung ist es ein uniaxiales Spannungsfeld (siehe auch [DLSD08]) auf der Rückseite des Probekörpers zu erzeugen und damit mit relativ einfacher Mathematik Bruchspannungswerte zu erhalten. Die in der Norm angegebenen Formeln hierzu lauten:

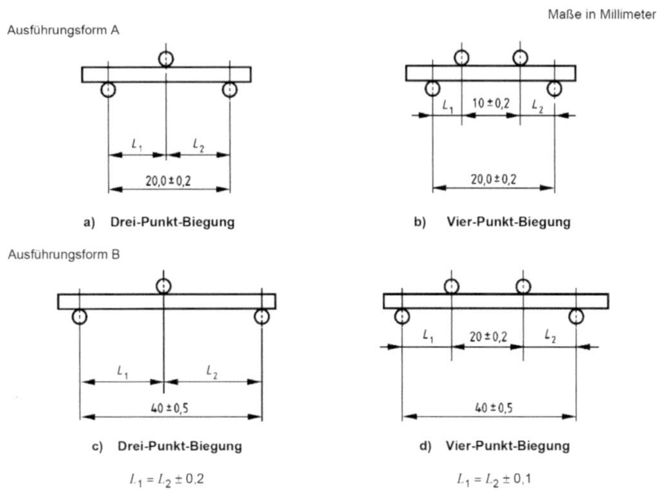

Abbildung 3.6: Schematische Darstellung des Aufbaus von Drei- und Vier-Punkt-Biegung. [DIN08]

Tabelle 1 — Maße und Grenzabmaße der Probekörper

Art des Probekörpers	Oberflächenzustand	Parameter	Maße mm		
			Länge	Breite	Dicke
Ausführungsform A	Alle	Maßbereich	≥ 25	2,5 ± 0,2	2,0 ± 0,2
	Bearbeitet	Parallelitätstoleranz	–	± 0,02	± 0,02
	As-fired	Parallelitätstoleranz	–	± 0,05	± 0,05
Ausführungsform B	Alle	Maßbereich	≥ 45	4,0 ± 0,2	3,0 ± 0,2
	Bearbeitet	Parallelitätstoleranz	–	± 0,02	± 0,02
	As-fired	Parallelitätstoleranz	–	± 0,10	± 0,10

Abbildung 3.7: Zulässige Probekörpergrößen nach DIN843-1. [DIN08]

Drei-Punkt-Biegung:

$$\sigma_f = \frac{3Fl}{2bh^2} \tag{3.14}$$

Vier-Punkt-Biegung:

$$\sigma_f = \frac{3Fd}{bh^2} \tag{3.15}$$

Dabei sind σ_f die Bruchspannung, F die Höchstkraft beim Bruch, b die Breite des Probekörpers, h die Höhe des Probekörpers, l der Abstand zwischen den Mittelpunkten der Auflagerrollen bei der Drei-Punkt Biegung sowie d der Mittelwert der Abstände zwischen den Achsen der inneren und äußeren Auflagerrollen bei der Vier-Punkt-Biegung. Beide Formeln können aus den Standard-Lastfällen gängiger technische Mechanik-Werke wie [GF11] entnommen werden. Bei dünnen Gläsern, $< 150\ \mu m$ Dicke sind große Durchbiegungen zu erwarten. Diese sind in der „Theorie 1. Ordnung“, aus denen die obigen Gleichungen stammen, nicht abgedeckt, denn diese nimmt an, dass die Querschnitte des gebogenen Trägers eben und senkrecht auf der Mittelfläche bleiben. [GF11] Dies ist bei starken Durchbiegungen nicht der Fall. Auch bei der Anwendung entsprechender Theorie und Verkleinerung der Rollenabstände wären die obigen Verfahren nicht anwendbar, da die Norm vorsieht, die Auflagerrollen in 1,5-facher Prüfkörperdicke zu gestalten. [DIN08] 225 μm dicke Auflagerrollen sind weder praktikabel, noch mit verhältnismäßigem Aufwand herstellbar. Somit ist eine Verwendung der in DIN EN 843-1 beschriebenen Verfahren der Vier- bzw. Drei-Punkt-Biegung für Ultradünnglas nicht möglich.

3.2.8.2 Zwei-Punkt-Biegung

Das Zwei-Punkt-Biegeverfahren[2] zur Messung von Festigkeit wurde von [MKG86] für Glasfasern entwickelt.

[2] In der grundlegenden Veröffentlichung zur Zweipunktbiegung von Matthewson et al. wird die Methode Zweipunktbiegung nicht als Ersatz für Zugfestigkeitsmessungen genannt, sondern als ergänzende Methode um zusätzliche Informationen über die Verteilung der Initialverletzungen innerhalb des Glases zu erhalten. Die Methode wird bei Glasfasern angewandt, sie stellt aber wegen der relativ kurzen, real gemessenen Längen l_{eff} nur eine Ergänzung zu einem Zugverfahren dar.

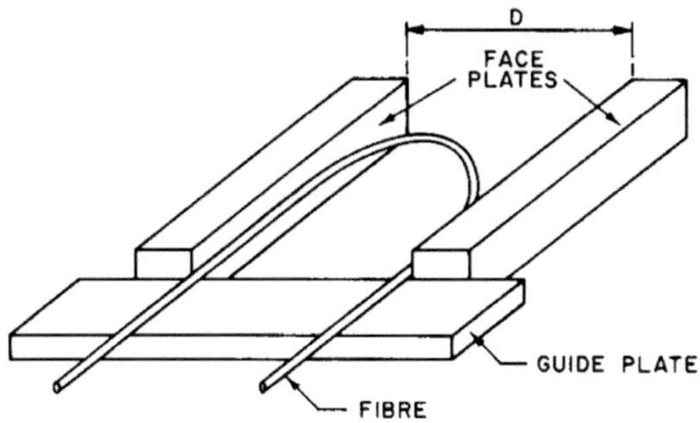

Abbildung 3.8: Schematische Darstellung der Zwei-Punkt-Biegung für Glasfasern [MKG86]

Dabei spannt man eine Glasfaser wie in Abbildung 3.8 ersichtlich zwischen zwei parallele, sich aufeinander zu bewegende Backen und misst den Abstand dieser beim Bruch der Faser. Dabei wird der Bruchzeitpunkt entweder akustisch oder mit Kraftsensoren bestimmt. Der Abstand der Backen zum Bruchzeitpunkt ist dann proportional zur Bruchspannung. Aus der Geometrie des Prüfaufbaus resultiert ein uniaxiales, inhomogenes Spannungsfeld in der Faser [DLSD08]. Dies ist auch der Grund für die deutlich komplexere Mathematik zur Bestimmung der Bruchfestigkeit im Vergleich zu den in Kapitel 3.2.8.1 genannten Verfahren. Da das Verfahren für dünne Fasern entwickelt wurde, liegt es nahe, dieses auch für dünne Flachgläser zu verwenden. Bei einigen der eingangs in Kapitel 3.1.1 erwähnten Ultradünnglashersteller wird dieses Verfahren angewandt. Dennoch benötigt es einen relativ hohen Aufwand, eine spezielle Prüfapparatur, geschultes Personal und bietet wie im Folgenden gezeigt werden wird, eine relativ kleine effektive Länge l_{eff} in der Größenordnung 20 mm. (vgl. Kapitel 3.2.7.2 und [DLSD08])

4 Entwicklung einer Messmethode für Kantenfestigkeit an ultradünnen Gläsern

Wie in den Kapiteln 3.2.8.1 und 3.2.8.2 bereits beschrieben sind etablierte Messmethoden für Kantenfestigkeit entweder nicht auf ultradünnes Glas anwendbar oder haben Nachteile wegen ihrer Komplexität bzw. ihrer effektiven, getesteten Länge l_{eff} vgl. dazu Kapitel 4.4.3.1. Die hier beschriebene, neue Methode versucht einen Mittelweg zwischen statistischer Verlässlichkeit und Effizienz, wie auch einfacher Anwendbarkeit in der Produktion zu gehen. Die Methode wurde ausführlich in unserem Paper [JSR18] beschrieben, in den Kapiteln 4.1, 4.2 und im zugehörigen Patent [HCNOJ17] folgt deshalb nur ein Abriss der Zusammenhänge und Hintergründe. Die darauf folgenden Kapitel gehen deutlich über das Paper hinaus und dienen zur Einordnung, Fehleranfälligkeitseinschätzung und Validierung des Verfahrens.

4.1 Beschreibung des Zylinderprüfverfahrens

Das Zylinderprüfverfahren besteht aus 20 Zylinderscheiben (je nach Ausführung sind auch mehr oder weniger möglich), deren Radius

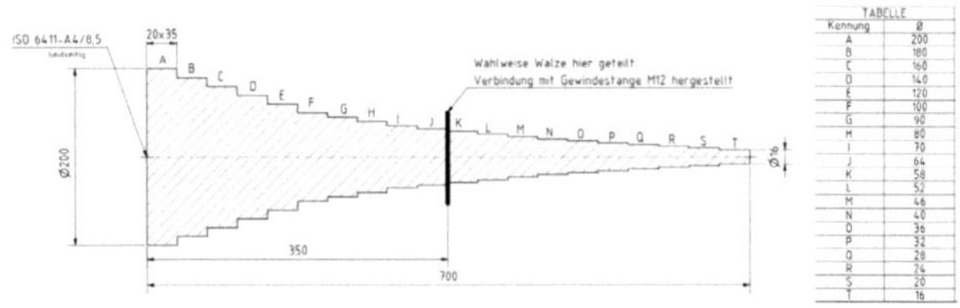

Abbildung 4.1: Darstellung der Stufenwalze bestehend aus 20 Scheiben mit 35 mm Breite. Die erste Scheibe hat dabei typischerweise einen Durchmesser von 200 mm die Letzte von 16 mm(siehe abgedruckte Tabelle). [JSR18]

sukzessive abnimmt. Im vorliegenden Fall wurden die Scheiben aus Polyoxymethylen gefertigt, eine andere Materialwahl ist möglich. Im Prinzip basiert die Methode auf der Tatsache, dass bei einer konstanten Biegung eines Prüfkörpers um eine Scheibe mit Radius r mit unverändertem Materialquerschnitt eine konstante Spannung in einer definierten Faser des Materials $\sigma \propto r = const$ erzeugt wird, sobald der Prüfkörper vollständig auf der Scheibe aufliegt. Jede Probe wird von der größten Scheibe ausgehend nach unten zur kleineren Scheibe hin geprüft, bis ein Bruch auftritt. Darauf wird der Spannungswert, der der letzten Scheibe vor dem Bruch entspricht, als Festigkeitswert verwendet.

Wie in Abbildung 4.1 zu erkennen, werden abhängig von der erwarteten Glasfestigkeit typischerweise Scheiben mit Radien von 100 mm bis 8 mm verwendet. Zur Prüfung der einzelnen 20 mm x 50 mm großen Dünnstglasplättchen werden diese mit einem Klebeband beklebt, welches etwas länger ist als das Plättchen selbst. Der Operator greift nun die Enden des Klebebandes und stellt dadurch sicher, dass das Plättchen nicht anderweitig berührt wird, beobachtet werden kann und der Kontakt zwischen Prüfscheibe und Plättchen einwandfrei ist. Sollte der benutzbare Scheibenumfang kleiner sein als die getestete

Kantenlänge, wird die Probe einmal in beide Richtungen so über die Scheibe bewegt, dass die Probe an jeder Stelle mindestens einmal an der entsprechenden Scheibe anlag. Aufgrund des sehr kleinen Elastizitätsmoduls des Klebebandes bestehend aus Polyvinylchlorid und der geringen Zugspannung, die durch manuelles Ziehen an der Probe erzeugt wird, wird angenommen, dass der Einfluss auf die Testergebnisse vernachlässigbar ist. Der Einfluss des Klebebandes wird in Kapitel 4.4.4.4 näher untersucht.

4.2 Herleitung der Spannungsberechnungen

An der spezifischen Scheibe, an der der Bruch auftritt, kann die Spannung, die zum Bruch führt, leicht berechnet werden durch:

$$\sigma = \frac{(E \cdot T)}{(2 \cdot r)} \tag{4.1}$$

wobei E das Elastizitätsmodul des Glases, T die Glasdicke und r der Radius der Scheibe ist (gültig, wenn $r >> T$).

Eine relativ gute Abschätzung der im Material induzierten Biegespannung, wird wie folgt abgeleitet: Nach dem Hooke'schen Gesetz ist die Spannung proportional zur Dehnung, was für die meisten Gläser eine gute Annahme ist.

$$E \cdot \varepsilon = \sigma \tag{4.2}$$

Darüber hinaus wird die Dehnung in der linearen Theorie als Längendifferenz pro Anfangslänge definiert.

$$\varepsilon = \frac{\Delta l}{l_0} \tag{4.3}$$

Die neutrale Achse liegt in der Mitte des Querschnitts (gepunktete

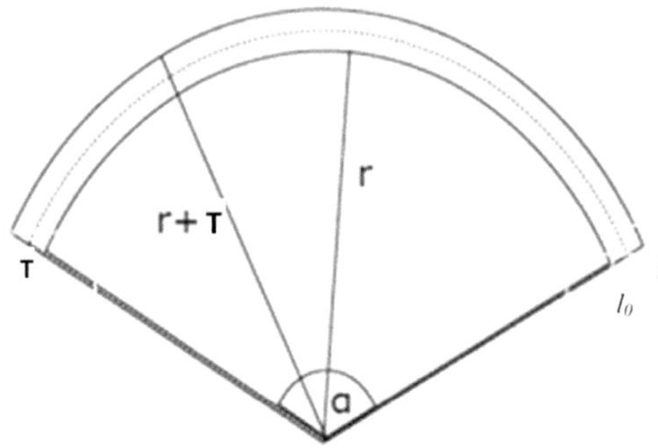

Abbildung 4.2: Schema einer Glasprobe, die im Endzustand um einen Zylinder gebogen ist, eigene Darstellung [JSR18]

Linie in Abbildung 4.2, l_0), wenn man eine lineare Spannungsverteilung und reine Biegung annimmt. Die maximale Dehnung und auch die maximale Spannung treten an den äußeren Fasern auf siehe 4.3. Die resultierende Dehnung bzw. Zugspannung wird durch den Biegelängenunterschied zwischen der neutralen Faser l_0 und der oberen Faser l_1 verursacht.
Es ist bekannt, dass die Länge l eines Kreisbogens im Bogenmaß von dem Mittelwinkel α, $l_0 = (r + \frac{T}{2})\alpha$ und $l_1 = (r + T)\alpha$ abhängt. Der Längenunterschied der Bögen in Abhängigkeit vom Mittelwinkel α und dem Biegeradius r beträgt $\Delta l = l_1 - l_0 = \alpha \cdot (r + T) - (r + \frac{T}{2})\alpha = \frac{T}{2}\alpha$.
Aus Gleichung 4.2 und 4.3 sehen wir:

$$E \cdot \frac{\Delta l}{l_0} = \sigma \tag{4.4}$$

Mit $\Delta l = \frac{T}{2}\alpha$ und $l_0 = (r + \frac{T}{2})\alpha$ und mit $r >> \frac{T}{2}$ lautet die Gleichung wie in Gleichung 4.1 angegeben. Dies ist eine gute Annäherung an die maximale Zugspannung einer um einen Zylinder gebogenen Ultradünnglasprobe wie aus nachfolgender FEM Simulation hervorgeht.

4.3 Vergleich zwischen Näherung und FEM-Simulation der Stufenwalze

4.3.1 FEM Simulation

Die oben beschriebene Näherungsformel 4.1 lässt transversale Effekte, die durch einen biaxialen Spannungszustand (Poissonzahl) verursacht werden, außer acht. Um die Größe des Effektes abzuschätzen wurde eine FEM Simulation mit ANSYS durchgeführt.

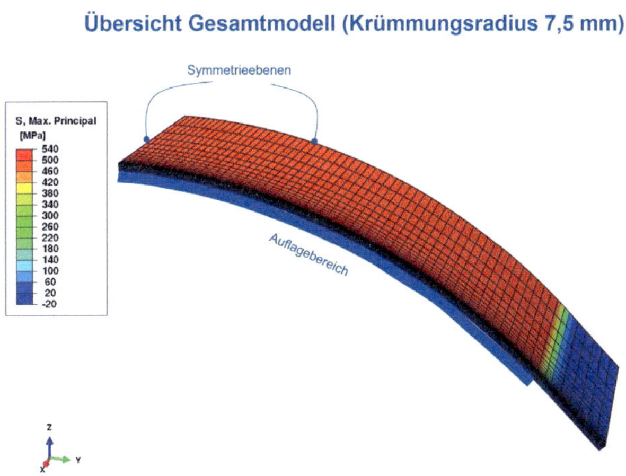

Abbildung 4.3: Übersicht des FEM Modells: modelliert wurde ein Viertel eines Glasplättchens 50 x 20 mm^2 der Dicke 100 μm, welches sich an ein Zylindersegment mit 7,5 mm und danach 15 mm Außenradius anschmiegt.

Die Übersicht der Simulation auf Abbildung 4.3 zeigt ein Viertelmodell eines 100 μm dicken Glasplättchens aus AF32eco in den Abmessungen 50 mm x 20 mm, welches zuerst an eine sehr steife Zylinderscheibe mit dem Außenradius 7,5 mm und dann an eine Scheibe mit 15 mm Außenradius angelegt wird. Die Simulation erfolgte weggesteuert beginnend vom waagerechten Zustand des Glasplättchens bis zum Erreichen des abgebildeten Zustands. Es wird jeweils die erste Hauptnormalspannung ausgewertet. Die für die Simulation nötigen mechanischen Materialparameter wie Elastizitätsmodul E = 74,8 GPa und die Poissonzahl von $\nu = 0{,}238$ wurden dem Materialdatenblatt des Werkstoffes entnommen. [SCH20a]

4.3.2 Ergebnisse

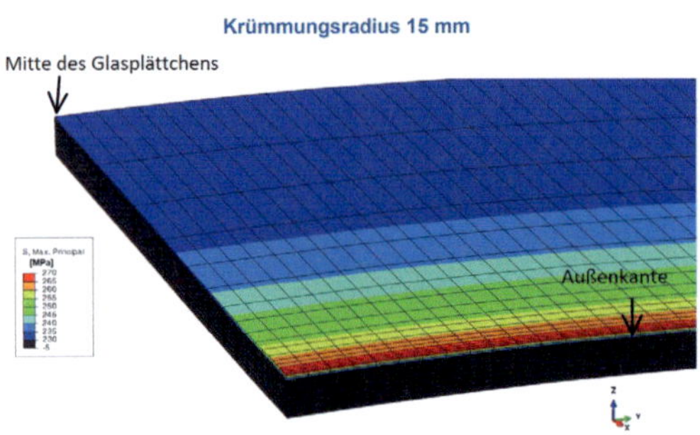

Abbildung 4.4: FEM Modell einer Zylinderwalzenbiegung bei 15 mm Radius, Glasdicke 100 $\mu m \pm 3$ μm

Für einen Radius von 15 mm liefert Formel 4.1 eine Spannung 249 MPa. Wie auf Abbildung 4.4 zu sehen, ist die an der Kanten auftretende Maximalspannung unter Berücksichtigung transversaler Effekte 270 MPa. Dabei weicht die Simulation ab einem Abstand von etwa zwei Millimeter von der Kante von dem mit 4.1 berechneten Wert ab.

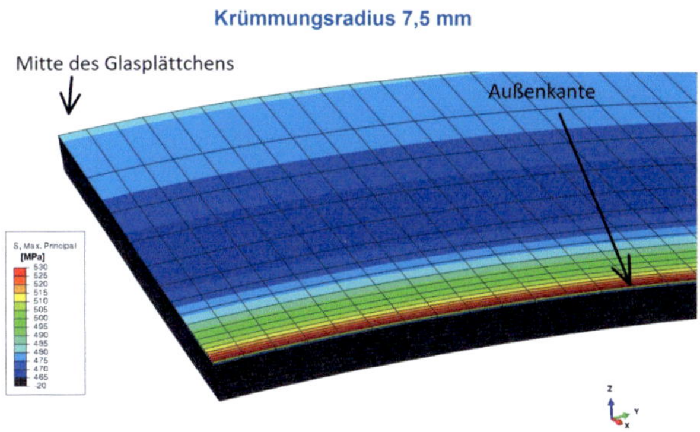

Abbildung 4.5: FEM Modell einer Zylinderwalzenbiegung bei 7,5 mm Radius, Glasdicke 100 μm

Für einen Radius von 7,5 mm würde man nach Formel 4.1 eine Spannung von 499 MPa an der Kante erwarten, während die maximale Hauptnormalspannung laut FEM Simulation (Abbildung 4.5) an der Kante 530 MPa beträgt.

4.3.3 Interpretation

Zunächst ist festzustellen, dass die Größenordnung der Werte aus der Formel 4.1 im selben Bereich liegt wie die von der FEM Simulation bestätigten Werte. Weiterhin liegt die prozentuale Abweichung bei einem Radius von 15 mm bei $7,8$ % und bei einem Radius von 7,5 mm bei $5,8$ %. Die Dickentoleranz des Glases von ± 3 % ([SCH20a]) geht laut Formel 4.1 linear ein und bewegt sich ebenfalls in der Größenordnung der beobachteten Abweichung. Absolut beträgt die Abweichung zwischen der Näherungsformel und der FEM Simulation in beiden Fällen 31 MPa. Dies bedeutet, dass die durch transversale Effekte hervorgerufenen Hauptnormalspannungen unabhängig vom Biegeradius in den hier betrachteten Fällen konstant sind. Dies ist auch zu erwarten, da die transversalen Effekte neben der Dicke auch von der Breite des Prüfkörpers abhängen. Für die Verwendbarkeit der Stufenwalze heißt das, dass bei absoluten Messungen der Kantenfestigkeit vor allem bei weniger festen Substraten (größeren Walzenradien) eine Unterbewertung durch die Näherungsformel von etwa 10 % – 15 % stattfindet. Da der Einfluss bei gleichbleibender Probengeometrie und Walzenradien konstanter Natur ist, sind vergleichende Messungen ohne sich addierende Ungenauigkeiten möglich. Bei exakter Festlegung der Probengeometrie könnte auch ein Korrekturfaktor gefunden werden, der den Wert in Übereinstimmung mit der Simulation auf das absolute Maß korrigiert. So böte es sich an, den E-Modul E aus Gleichung 4.1 unter Annahme eines ebenen Verzerrungszustandes (EVZ, siehe auch [GS11]) durch die Poissonzahl von AF32eco $\nu = 0,238$ zu $E^{'} = \frac{E}{(1-\nu^2)}$ anzupassen. Die Ergebnisse lägen hierbei sehr nahe an der Finite-Elemente-Lösung. Im Rahmen der für die Anwendung erforderlichen Genauigkeit, der Dickentoleranz des Glases und der vergleichenden Natur der Versuche, wird diese Unterbewertung im Kapitel 5.1.1, Prozessentwicklung, vernachlässigt.

4.4 Vergleich der Zylinderbiegungsmethode mit Zwei-Punkt-Biegung

4.4.1 Versuchsaufbau

Um den Zwei-Punkt-Biegeversuch mit der Zylinderbiegungsmethode empirisch zu vergleichen, wurde eine Versuchsreihe mit 20 Stück 20 mm x 50 mm Proben des Glases D263Teco ([SCH20b]) in 100 μm Nenndicke (Dickentoleranz ± 3 %) durchgeführt. Alle Proben wurden durch einen optimierten mechanischen Schneidprozess so getrennt, dass sie ähnliche Bruchwahrscheinlichkeitsverteilungen aufweisen sollten. In beiden Versuchsreihen wurde die untere Seite der Probe (die vom Schneidwerkzeug nicht berührt wurde) einer Zugspannung ausgesetzt. Die Rissentstehung wurde an jeder Probe überprüft und nicht an der Kante gebrochene Proben wurden verworfen. Konservativ wurde der letzte Spannungswert vor dem Bruch als Festigkeitswert notiert.

4.4.2 Ergebnisse

Das Weibull-Plot in Abbildung 4.6 zeigt eine Versuchsreihe mit der Zylinderbiegungsmethode (blaue Punkte) und eine mit Zweipunktbiegung gemessene (grüne Dreiecke). Die Ausfallwahrscheinlichkeiten P wurden den Festigkeitswerten mit der sogenannten Weibull-Formel $P = \frac{R}{(N+1)}$ [Mak08] zugeordnet. In diesem Fall sind R der Rang des aufsteigend geordneten Festigkeitswertes und N die Gesamtanzahl der Festigkeitswerte einer Versuchsreihe. An die so geplotteten Werte wurde eine zweiparametrische Weibullverteilung mittels least-square-approximation angepasst. Während der Weibull-Modul für beide Messaufbauten sehr ähnlich ist (m = 2,8 vs. m = 3,4), unterscheiden sich die charakteristischen Werte der Verteilungen deutlich (281 MPa vs. 407 MPa).

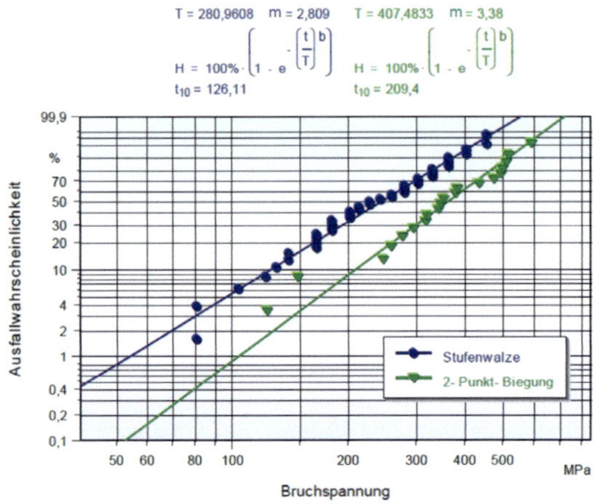

Abbildung 4.6: Weibull-Plot der Festigkeitsmessergebnisse eines Zwei-Punkt-Biege-Tests im Vergleich zum Zylinder-Test für das Glas D263Teco, Nenndicke 100 μm

4.4.3 Interpretation

4.4.3.1 Effektive Länge l_{eff} der gemessenen Zwei-Punkt-Biegung

Aufgrund der Tatsache, dass die gemessene Länge für die Zylinderbiegungsmethode konstant bei 100 mm (zweifache Probenlänge) und die gemessene Länge für die Zweipunktbiegung deutlich darunter liegt, ist zu erwarten, dass der charakteristische Wert für die Zweipunktbiegeversuche höher liegt. Nach der Geometrie der Biegung analysiert von [MKG86] und der Berechnung der Effektivlänge l_{eff} nach Kapitel 3.2.7.2 ist es möglich in Abhängigkeit von den Plattenabständen zur Bruchzeit der Zwei-Punkt-Biegung und des Weibullmoduls die effektive Länge l_{eff} anzugeben. Die beiden Zustände der Zwei-Punkt-Biegungsgeometrie „Probe schmiegt sich an die Platten an“ und „Probe schmiegt sich nicht an die Platten an“ sind dabei deutlich in Abbildung 4.7 zu erkennen. [MKG86]

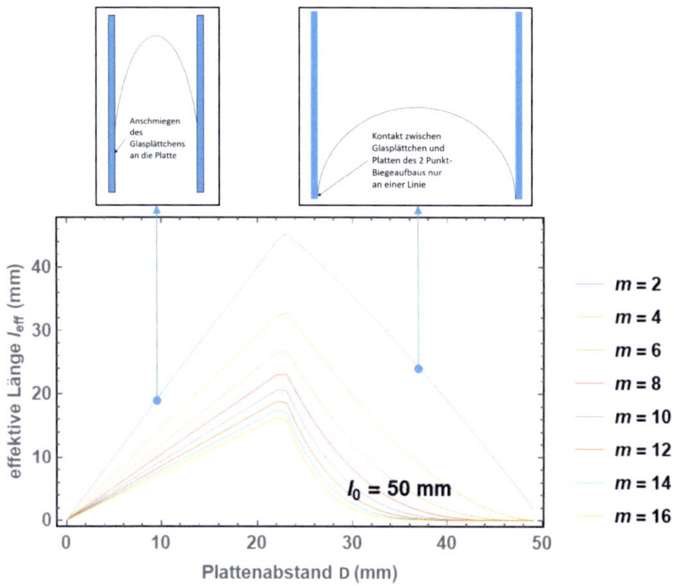

Abbildung 4.7: Effektive Längen l_{eff} bei der Zweipunktbiegung in Abhängigkeit vom Plattenabstand D und dem Weibullmodul m. Oben in der Abbildung: beispielhafter Zustand des Glasplättchens zwischen den Prüfplatten in Bezug auf Anschmiegung an die Platten des Prüfaufbaus.

In der Abbildung 4.7 sind exemplarisch effektive Längen in Abhängigkeit von m und D angegeben. Dabei wurden die Weibull Moduln m analog zu den in den folgenden Schneidversuchen aufgetretenen Ergebnissen gewählt. Im Bild ist zu erkennen, dass angefangen vom größten Plattenabstand von 50 mm (entspricht Probenlänge) die effektive Länge bis etwa zur Hälfte des Plattenabstandes zunimmt. Dies ist der Fall, weil bis genau zu diesem Punkt des Biegevorganges noch kein Teil der Probe an den Platten anliegt. Bei weiter abnehmendem

Plattenabstand liegt ein sukzessive länger werdender Teil der Probe an den Platten an. Sobald ein Probenbereich an der Platte anliegt, ist lokal keine signifikante Zugspannung mehr zu verzeichnen und somit der Beitrag zur Versagenswahrscheinlichkeit vernachlässigbar. Deshalb sinkt die effektive Länge bis zum Erreichen sehr kleiner Plattenabstände und nähert sich der Null. Weiterhin erkennt man, dass bei größeren Weibull-Moduln eine kleinere effektive Länge vorliegt und umgekehrt. Dies ist deshalb zu erwarten, weil die festigkeitsrelevante Defektverteilung und damit die Ausfallwahrscheinlichkeit entlang der Probe einer höheren Streuung unterliegt und damit auch signifikante Bruchwahrscheinlichkeiten bei niederen Spannungen, also großen Plattenabständen D vorliegen. Analog verhält sich die effektive Länge bei großen Weibull-Moduln. Da dort eine kleine Streuung der festigkeitsrelevanten Defekte vorliegt, haben nur die stark unter Spannnung stehenden Längenelemente einen signifikanten Einfluss auf die Festigkeit. Dies führt folglich zu kleineren effektiven Längen als bei kleinen Weibull-Moduln. Siehe dazu auch Kapitel 3.2.7.2. In der Abbildung 4.8 sieht man nochmals die effektive Länge l_{eff} für ein Weibullmodul von $m = 3$ als Funktion des Plattenabstandes, entsprechend dem Weibullmodul aus Abbildung 4.6. Aus den Versuchen wurden die Plattenabstandsdaten extrahiert und jedem Plattenabstand der Messungen aus Abbildung 4.6 eine effektive Länge zugeordnet. Der Mittelwert der effektiven Längen l_{eff} beträgt 20,5 mm. In unserem Paper [JSR18] haben wir auch durch die Ausführungen von [MKG86] erwartet, dass die effektive Länge deutlich geringer ist und bei $l_{eff} < 5$ mm liegt. Nach dem hiesigen Nachweis muss diese Aussage für die untersuchten Proben bei $m = 3$ revidiert werden. Dennoch geht aus Abbildung 4.7 hervor, dass die Aussage bei höheren Weibull-Moduln weiterhin gilt.

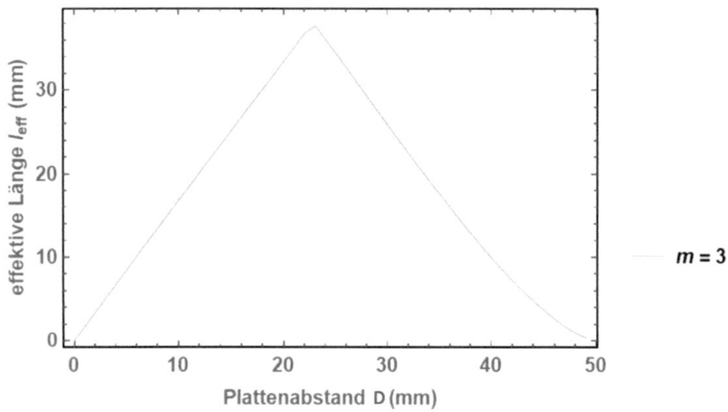

Abbildung 4.8: Effektive Länge l_{eff} bei der Zweipunktbiegung in Abhängigkeit vom Plattenabstand D bei einem Modul m von 3

4.4.3.2 Anpassung der Stufenwalzenverteilung an die Effektivlänge l_{eff} der Zwei-Punkt-Biegung

Wie bereits in den Kapiteln 3.2.7.2 und 4.4.3.1 beschrieben, muss um Vergleichbarkeit zwischen den Verteilungen zu schaffen, die jeweilige effektiv gemessene Länge der Proben aneinander angepasst werden. Die hierfür nötige Beziehung lautet nach [DLSD08]:

$$\sigma_{c1} = \sqrt[m]{\frac{l_0}{l_{eff1}}} \cdot \sigma_{c2} \tag{4.5}$$

Hierbei bezeichnet σ_{c1} die charakteristische Vergleichsspannung, l_{eff1} die effektive Länge bei dieser Vergleichsspannung und σ_{c2} den charakteristischen Wert der Ausgangsverteilung. Bei Einsetzen des Moduls $m = 3$, der Probenlänge (entspricht der effektiven Länge der an der Stufenwalze gemessenen Proben) $l_0 = 100$ mm, der durchschnittlichen effektiven Länge der Zwei-Punkt-Biege-Proben $l_{ref} = 20,5$ mm und dem charakteristischen Wert der Ausgangsverteilung der Stufenwalzenproben σ_{c2} zu 281 MPa erhalten wir eine charakteristische Vergleichsspannung von 476,6 MPa. Dies liegt in der Größenordnung des Zwei-Punkt-Biegungsergebnisses von 407 MPa. Hier sei nochmals darauf hingewiesen, dass die Stufenwalze die fünffache effektive Länge und damit statistische Aussagekraft bietet im Vergleich zur Zwei-Punkt-Biegung, da das Verhältnis der Effektivlängen etwa eins zu fünf ist. Die Abweichung beträgt 15 % und liegt damit im Rahmen der im folgenden Kapitel 4.4.4.1 genauer betrachteten Messungenauigkeiten.

4.4.4 Fehlerbetrachtungen

4.4.4.1 Fehler durch die diskrete Natur der Stufenwalze

Durch die diskrete Festlegung der Scheibenradien der Stufenwalze sind im Gegensatz zu Messverfahren bei denen stetig (linear zunehmend) Spannungen eingebracht werden unerwünschte statistische Effekte zu erwarten. Diese zeigen sich erwartungsgemäß bei statistischen Modellanpassungen an Versuchswerte, die mit der Stufenwalze ermittelt wurden, im Vergleich zu Werten, die z.B. durch Zweipunktbiegung ermittelt wurden.

Methode Mit Hilfe von Mathematica wurde eine Monte-Carlo-Simulation mit folgenden Schritten durchgeführt.
Siehe hierzu auch [MRR+53]

- Ziehen von n-zufälligen Spannungswerten mit einer beispielhaft an die Versuchsergebnisse des Kapitels 5.3.3 angelehnten Weibull Wahrscheinlichkeitsdichteverteilung mit den Parametern a, b
- Speichern der Werte in Tabelle 1
- Gewichtung der Einzelbrucheintrittswahrscheinlichkeiten pro Scheibe der Stufenwalze durch abschnittsweise Integration der Wahrscheinlichkeitsdichtefunktion der gleichen Parameter a,b (vgl. [HCNOJ17])
- Gewichtetes ziehen n diskreter Spannungswerte entsprechend den wahrscheinlichkeitsgewichteten Stufen
- Speichern der Werte in Tabelle 2
- Least Square Schätzung von Lage und Skalenparameter je einer Weibullverteilung an die Daten der Tabellen 1 und 2

- "Prinzipfehler": Berechnung der prozentualen Abweichung zwischen Tabelle 1 (stetig)-fit und Tabelle 2 (diskret)-fit für verschiedene Parameter a und b

- „Gütefehler": Vergleich der „Güte" der Schätzung durch die Berechnung der prozentualen Abweichung zwischen den Parametern a und b und der berechneten Schätzung für die Daten von Tabelle 1

- Bildung der Differenz zwischen „Prinzipfehler" und "Gütefehler" und damit Berechnung des absoluten korrigierten Modul- bzw. Charakteristischen-Wert-Fehlers

- Wiederholung für m=2, 4, 8, 12 und 16 für die charakteristischen Werte 50, 100, 150, 200 und 250 MPa, da diese den experimentell interessanten Bereich aufspannen

Ergebnisse

Für den charakteristischen Wert bzw. Lageparameter der Verteilung In Abbildung 4.9 ist zu erkennen, dass je nach Weibullmodul und charakteristischem Wert der absolute, korrigierte Fehler des charakteristischen Wertes vor allem bei kleinen Stichprobengrößen (n = 30) sehr stark schwankt. Bei großen Stichprobengrößen (n = 100000) ergibt sich jedoch recht konstant ein Fehler von um oder unter 6 % über alle untersuchten Moduln und charakteristischen Werte hinweg mit einer Ausnahme. Die Werte der niedrigen Moduln (m = 2) schwanken jedoch über alle charakteristischen Werte hinweg stärker als die höherer Moduln.

Für den Weibull-Modul Die Abbildung 4.10 zeigt starke Schwankungen des absoluten korrigierten Modulfehlers bei kleinen Stichpro-

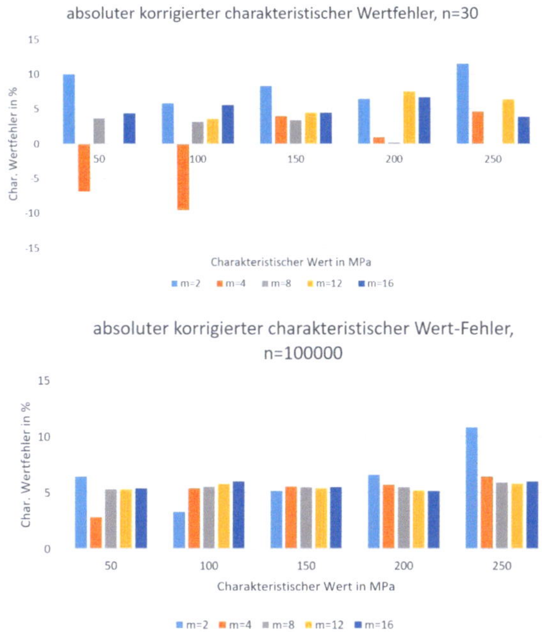

Abbildung 4.9: Gegenüberstellung der durch die Monte-Carlo-Simulation approximierten Fehler des charakteristischen Wertes durch die diskrete Natur der Stufenwalze für n = 30 und n = 100000 Stichproben pro Datenpunkt.

bengrößen von n = 30. Bei hohen Stichprobengrößen n = 100000 erkennt man, dass bei kleinen charakteristischen Werten trotz hoher Stichprobenzahl vor allem bei niedrigen Moduln (m = 2, m = 4) hohe Fehler im Bereich > 30 % auftreten. Weiterhin ist der Modulfehler bei hohen Moduln (m = 12, m = 16) im Mittel auch höher als bei mittleren Modulwerten.

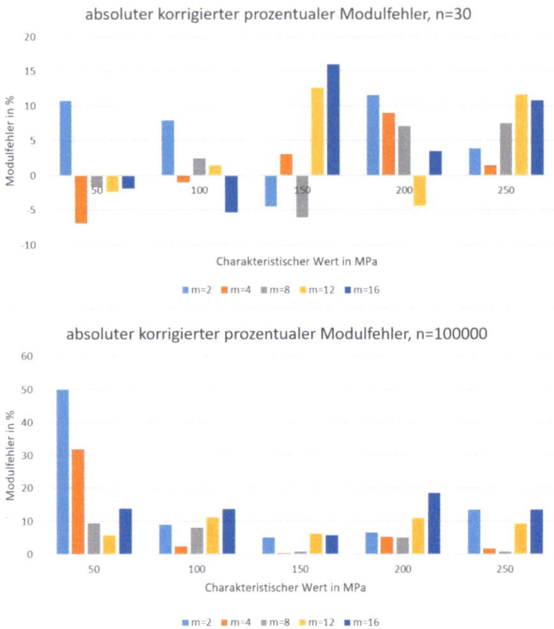

Abbildung 4.10: Gegenüberstellung der durch die Monte-Carlo-Simulation approximierten Fehler des Weibull Moduls durch die diskrete Natur der Stufenwalze für n = 30 und n = 100000 Stichproben pro Datenpunkt.

Interpretation Die hier durchgeführte Monte-Carlo-Simulation bietet einen numerischen Weg um den Fehler, der durch die stufenartige, diskrete Natur der Stufenwalze entsteht, zu quantifizieren. Wie oben beschrieben werden, um den absoluten Fehler zu bestimmen, zwei Fehlertypen voneinander abgezogen, um den Fehlerbeitrag der Diskretisierung isolieren zu können. Bei großen „Gütefehlern" werden die Fehlerbeiträge in den Diagrammen sogar negativ. Dies kann als Hinweis für eine zu kleine Stichprobengröße gewertet werden. Generell bleibt deshalb festzustellen, dass eine verlässliche Bestimmung des Fehlers bei kleinen Stichprobengrößen ($n = 30$) zu keinerlei belastbaren und interpretierbaren Ergebnissen führt, weder für den charakteristischen Wert noch für den Weibull-Modul. Dies bedeutet auch, dass eine empirische Fehlerbestimmung wegen der sehr hohen Anzahl an Versuchen nicht praktikabel ist. Bei den charakteristischen Werten der Anpassung einer Weibullverteilung von mit der Zylinderbiegungsmethode gemessenen Proben, ist bei Moduln $m > 2$ mit einem Fehler von ungefähr 6% zu rechnen. Bei hohem charakteristischem Wert und gleichzeitig kleinem Modul wächst dabei der Fehler auf ca. 11% an. Im typischen Bereich der zu untersuchenden Proben von Schneidversuchen stellt diese Ungenauigkeit jedoch kein Problem dar. Für die Weibull-Moduln der Anpassung einer Weibullverteilung von mit der Zylinderbiegungsmethode gemessenen Proben muss von höheren Fehlern (> 30 %) speziell bei wenig festen Proben (kleiner charakteristischer Wert) und kleinen Moduln ausgegangen werden. Der sehr hohe Wert des Modulfehlers von 50 % zu sehen in Abbildung 4.10 ist dabei methodisch erklärbar, denn es werden auch die Proben, die wahrscheinlich vor der ersten Stufe der Stufenwalze brechen auf die erste Stufe addiert. Dies ist auch in der Realität der Fall, allerdings ist der Wertbeitrag zur Prozessentwicklung einer bei weniger als 50 MPa gebrochenen Glasprobe sehr gering. Bei höheren charakteristischen Werten und höheren Moduln liegt der Modulfehler bei 10 % – 20 %. Dies lässt sich dadurch erklären, dass Proben mit einer geringen Festigkeitsstreuung (großes m) immer auf den wenigen, gleichen Scheiben brechen und demnach nur wenige, diskrete Werte für die Anpassung einer Verteilung zur Verfügung stehen. Eine Lösung hierfür ist, wie im Kapitel 4.1 beschrieben, die Anpassung der Stufenwalze an die erwartete Festigkeit der Prüfkörper. Bei einer entsprechend auf den Festigkeitsbereich angepassten Stufenwalze ist also die diskrete Natur derselben keine signifikante Fehlerquelle, die zur Disqualifikation der Methode führen würde. [HCNOJ17]

Eingeschränkt nutzbar ist die Stufenwalze zur Bestimmung der Moduln von Verteilungen, die sehr niedrige charakteristische Werte aufweisen und sich damit an der Grenze des Messbereiches der Walze befinden. Zudem steigt der Fehler der Stufenwalze bei sehr hohen Moduln, da die Anpassung einer statistischen Verteilung durch das Fehlen unterschiedlicher Messwerte obstruiert wird.

4.4.4.2 Relevanz des zeitlichen Risswachstums im Messverlauf

Es ist zu erwarten, dass nach Gleichung 3.12 auf jeder Stufe der Stufenwalze eine Rissverlängerung stattfindet und dadurch den Messwert für den katastrophalen Bruch verfälscht. Zur Veranschaulichung der Vorgänge bei unterkritischem Risswachstum wurde ein Plot für verschiedene Lebensdauerparameter „n" bei einem Risslängenverhältnis zwischen Referenzrisslänge a und a_0 von eins und einer statischen Belastung von 99 % K_{Ic} angefertigt und auf eine relative, logarithmische Zeitachse t/t_f aufgetragen. t_f ist dabei der Bruchzeitpunkt.

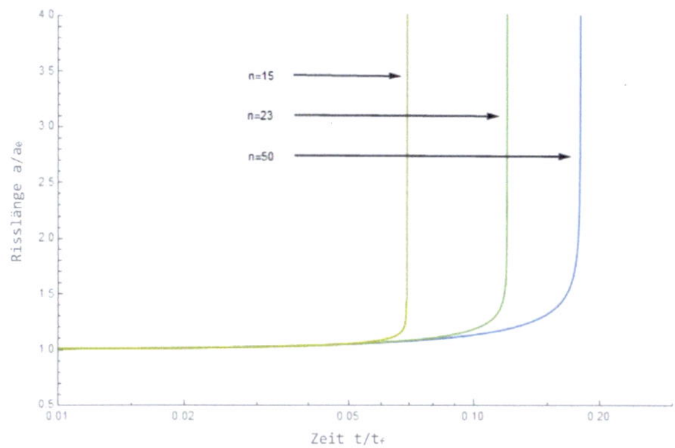

Abbildung 4.11: Darstellung der relativen benötigten Zeit für den Rissfortschritt bei 99 % der kritischen Spannungsintensität K_{Ic} für drei verschiedene n-Werte auf einer relativen Zeitachse. Bei gleichen Ausgangsrisslängen bleiben die Risse für den größten Teil der Produktlebenszeit sehr klein und beschleunigen dann in einer sehr kurzen Zeit. Dieses Verhalten wird mit größerem n-Wert ausgeprägter.

Auf Abbildung 4.11 ist zu erkennen, dass die Zeit in der signifikantes Risswachstum stattfindet, mit steigendem n-Wert abnimmt. Der Plot zeigt einen relativ großen n-Wert Bereich mit dem niedrigsten Wert von n = 15 bis zum höchsten Wert n = 50. Dennoch ist selbst bei niedrigem n und 99 % der maximalen Bruchspannung des Glases kein signifikantes Risswachstum vorhanden. Mit anderen Worten, sobald es signifikantes Risswachstum gibt, folgt kurze Zeit später auch das Totalversagen.

Glas	Parameter	Feuchtigkeit [%rH]	Wert
D263T	n-Wert	-	23,0
	v_0	20%	1
	v_0	45%	3,6
	v_0	70%	25,1
AF32	n-Wert	-	22,7
	v_0	20%	1
	v_0	45%	6,4
	v_0	70%	38,6
AS87	n-Wert	-	22,1
	v_0	20%	1
	v_0	45%	4,5
	v_0	70%	40,7

Abbildung 4.12: Gemessene n-Werte und Rissanfangsgeschwindigkeiten v_0 verschiedener SCHOTT-Gläser bei unterschiedlichen Luftfeuchtigkeiten.

Abbildung 4.12 zeigt n-Werte für die betrachteten Spezialflachgläser der SCHOTT AG. Die n-Werte der Gläser unterscheiden sich wenig. Zur Abschätzung des Lebensdauereffektes der Stufenwalze auf ein zu prüfendes Glas wird die Annahme getroffen, dass die zu einer Prüfscheibe korrespondierende Spannung sofort am Glas anliegt. Wie bereits in unserem Patent zur Stufenwalze [HCNOJ17] beschrieben, sind die Walzendurchmesser so gewählt, dass die resultierenden Spannungsverhältnisse in den Proben konstant sind. Bei einer Glasdicke von 100 μm kann damit ein relativ großer Spannungsbereich von 37 MPa bis 468 MPa abgedeckt werden. Wäre nun also die zum Versagen führende

Bruchspannung einer Probe 468 MPa, würde wie oben beschrieben selbst 1 % unter diesem Wert kein signifikantes unterkritisches Risswachstum stattfinden. Die relevante Stufe wäre also bei gerundeten 463 MPa. Da die nächste Stufe bei einem gleichen Spannungsverhältnis aber bei 374 MPa liegt, ist ein Einfluss von unterkritischem Risswachstum bei Gläsern mit einem n-Wert > 20 vernachlässigbar. Für die hiesige Untersuchung und Prozessentwicklung ist dieser Effekt demnach zu vernachlässigen.

4.4.4.3 Fehler durch Bedienereinflüsse

Methode Es wurden drei Messungen a je 30 Proben AF32eco 20 mm x 50 mm in 100 μm Dicke durchgeführt. Jede der Messungen wurde dabei von einem anderen Operator durchgeführt. Um eine ungewollte Verzerrung des Messergebnisses zu minimieren, kommen die Proben aus derselben Produktionscharge.

Ergebnisse Abbildung 4.13 zeigt einen Weibull-Plot der drei Messreihen, die jeweils farblich einem Operator zugeordnet sind. Steigung und Lage der Geraden liegen dabei nahe aneinander. Die blaue Gerade, weicht durch ihre leicht größere Steigung (höheres Weibull Modul) am deutlichsten von den beiden anderen ab.

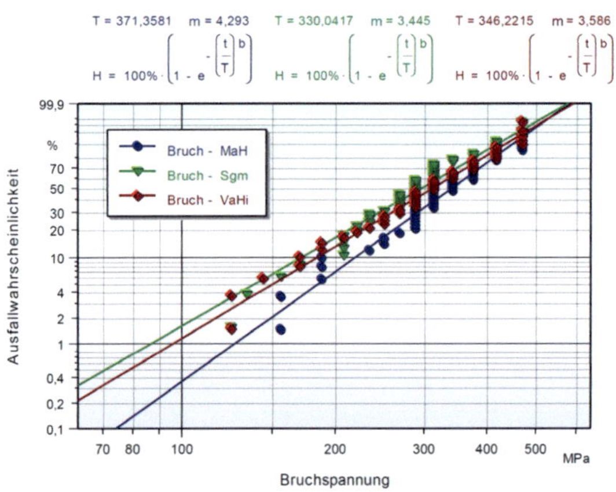

Abbildung 4.13: Versuchsreihen gemacht von drei unterschiedlichen Operatoren. Verwendet wurden jeweils 30 Proben pro Operator aus dem gleichen Produktionsprozess mit dem Material AF32eco.

Interpretation Die beiden Geraden, die am weitesten auseinander liegen sind in diesem Fall die blaue und die grüne. Die Abweichung dieser beiden Geraden liegt beim charakteristischen Wert bei ca. 11 % und beim Weibull-Modul bei 20 %. Wie aus der Abbildung 4.9 hervorgeht, besteht der hier beobachtete Fehler des charakteristischen Wertes von ca. 11 % aus ca. 6 % statistischem Fehler und den verbleibenden ca. 5 % Bedienerfehler. Für das Weibull-Modul besteht laut Abbildung 4.10 bereits ein statistischer Fehler in der Größenordnung 10 %, sodass die hier beobachteten weiteren 10 % dem Bedienereinfluss zuzuordnen sind. Bei vergleichenden Messungen zur Prozessoptimierung sollte also darauf geachtet werden, den gleichen Operator zu bemühen.

4.4.4.4 Fehler durch das aufgebrachte Klebeband

Methode Analog zum Kapitel 4.4.4.3 wurden in dieser Versuchsreihe drei Klebebandtypen mit verschiedenen E-Moduln zu je 30 Proben aus der gleichen Produktionscharge verglichen. Es kamen dabei zum Einsatz:

- 3M 27 Elektro-Isolierband aus Glasgewebe, Breite = 12 mm, (Bezeichnung „3M“)
- tesa 57370 tesaFilm transparent, Breite = 15 mm, (Bezeichnung „tesa“)
- 3M 35 Red Elektro-Isolierband auf PVC-Basis, Breite = 19 mm, (Bezeichnung „Isolierband“)

Die exakten Werte der E-Moduln wurden dabei nicht bestimmt. Durch den praktischen Eindruck der Klebebänder kann man jedoch folgende Reihenfolge von „Weich“ (niedriger E-Modul) zu „Hart“ (höherer E-Modul) angeben: Isolierband, Tesa, 3M.

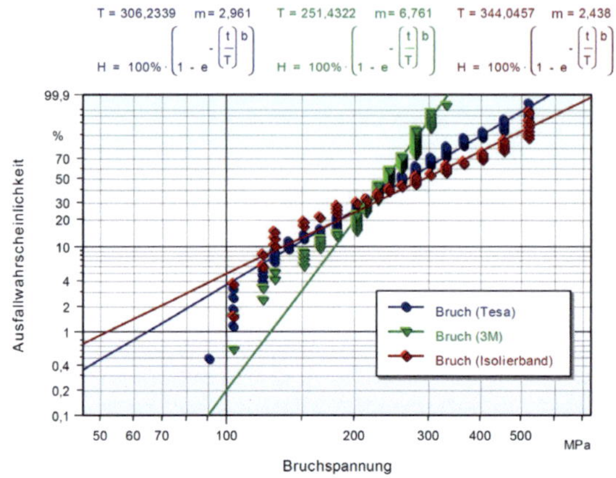

Abbildung 4.14: Vergleichsmessung von jeweils 30 Proben pro Klebeband aus dem gleichen Produktionsprozess.

Ergebnisse In Abbildung 4.14 ist zu erkennen, dass die beiden Geraden für "tesa" und "Isolierband" in Steigung und Lage nahe beieinander liegen, während „3M" für Spannungen jenseits 200 MPa deutlich abweicht.

Interpretation Man erkennt in diesem Versuch einen deutlichen Einfluss speziell vom Klebeband mit „höherem" E-Modul. Das Glasgewebe-Band führt zu einer deutlichen Erhöhung des Weibullmoduls und damit einer Verringerung der Streuung der Verteilung. Dies könnte dadurch erklärt werden, dass das Klebeband Zugspannungen unterhalb von 200 MPa aufnimmt und oberhalb von 200 MPa zusätzliche Zugspannungen durch das verstärkte Auftreten transversaler Effekte einbringt. Praktisch bedeutet dies, dass alle Vergleichsmessungen mit dem gleichen Klebebandtyp durchgeführt werden sollten. In dieser Arbeit werden deshalb alle Vergleichsmessungen mit dem Typ „tesa" durchgeführt. Für die Verwendung absoluter Werte aus den Stufenwalzenmessungen empfiehlt es sich weitere FEM-Simulationen durchzuführen und so den dadurch entstehenden Fehler zu quantifizieren sowie die Temperaturabhängigkeit der viskoelastischen Eigenschaften des Klebebandes zu beachten.

4.5 Fazit

Zusätzlich zu den einführenden Ausführungen zur Stufenwalze in unserer Veröffentlichung [JSR18] und dem Patent [HCNOJ17] wurden in den letzten Kapiteln tiefer gehende Untersuchungen zur Tauglichkeit der Stufenwalze als vergleichendes, produktionsnahes Prüfmittel durchgeführt. Zunächst wurde dazu im Kapitel 4.3.1 eine Finite-Elemente-Simulation durchgeführt, die die transversalen Effekte der Zylinderbiegung einbezieht. Hieraus ist ein konstanter Versatz von etwa 30 MPa, der von der Glasdicke und Breite abhängt zu erwarten. Ein Vergleich zwischen dem etablierten Verfahren der Zwei-Punkt-Biegung und dem Stufenwalzentest ergibt im Kapitel 4.4, dass die durchschnittliche effektive Länge l_{eff} für die getestete Probenpopulation um etwa Faktor fünf über dem der Stufenwalze liegt. Praktisch bedeutet dies, dass man mit der Stufenwalze um den Faktor fünf weniger Proben messen muss, um die selbe statistische Aussagekraft zu erhalten. Eine zusätzlich durchgeführte Umrechnung des charakteristischen Wertes der Stufenwalzenproben auf die effektive Länge der Zwei-Punkt-Proben im Kapitel 4.4.3.1 ergab eine ordentliche Übereinstimmung mit einer Abweichung von etwa 15 %, was im Rahmen der zu erwartenden Messungenauigkeiten beider Methoden liegt und damit für eine Prozessentwicklung praktikabel ist. Um die potentiellen Fehler der Stufenwalzenmessung deutlicher zu quantifizieren wurde dann im Kapitel 4.4.4.1 die Fragestellung untersucht wie groß der Fehler ist, der durch die diskrete Natur der Stufenwalze entsteht. Dieser beläuft sich bezogen auf den charakteristischen Wert auf etwa 6 %, und bezogen auf das Weibull-Modul auf ca. 10 %. Ebenfalls wurde hier deutlich, dass die Stufenwalze bei der Bestimmung von wenig festen Proben ungenauer ist als für festere. Im Kapitel 4.4.4.2 wurde der Einfluss von unterkritischem Risswachstum während des Stufenwalzentests bei technischen Gläsern untersucht. Ein Einfluss kann hier klar ausgeschlossen werden. Der Bedienereinfluss auf das Ergebnis der Stufenwalze wurde in Kapitel 4.4.4.3 untersucht. Dabei konnte man feststellen, dass ein Einfluss vorliegt, welcher sich im Bereich um die 5 % für den charakteristischen Wert und 10 % für das Weibull Modul bewegt. Zuletzt wurde in Kapitel 4.4.4.4 der Einfluss des Klebebandes untersucht, welcher als signifikant eingestuft werden muss. Unter der Annahme, dass die Dicke des Klebebandes sowie seine viskoelastischen Eigenschaften gleich bleiben, kann dieser Fehler bei einer Festlegung auf ein bestimmtes Klebeband für Vergleichsmessungen vor dem Hintergrund der hier untersuchten Klebebänder, ausgeschlossen werden. Zusammenfassend zeigen die vorliegenden Untersuchungen, dass sich die Stufenwalze im derzeitigen Zustand des Verständnisses für Vergleichsmessungen und damit zur Prozessentwicklung für einen Schneidprozess und dessen Optimierung, nicht aber für Absolutmessungen eignet. Für eine absolute Aussage müssen der Bedienereinfluss, der Einfluss des Klebebandes sowie die Anpassung der Stufengrößen an die jeweilige Prüfaufgabe noch genauer quantifiziert werden. Damit kann man festhalten, dass das zu Beginn des Kapitels 4 ausgegebene Ziel eine Methode zu entwickeln, die einen „Mittelweg zwischen statistischer Verlässlichkeit und Effizienz, wie auch einfacher Anwendbarkeit in der Produktion“ zu finden versucht, erreicht ist.

5 Weiterentwicklung eines Prozesses zum Trennen von Dünnstglas

In diesem Kapitel wird unter Zuhilfenahme von statistischen Methoden (Design of Experiments, DOE [SAS19]), der in Kapitel 4 entwickelten Stufenwalzenmethode und einer hohen Anzahl von Versuchen ein kantenfestigkeitsoptimierter Prozess zum Trennen von AF32eco in 100 μm Dicke entwickelt. Dieser Prozess wird dann über einen erfolgreichen Langzeitversuch validiert.

5.1 Versuchsaufbau und -bedingungen

5.1.1 Prozessbeschreibung

Sowohl in der Industrie als auch im glasverarbeitenden Handwerk verwendet man seit vielen Jahren Ritz-Brechprozesse zum Zuschnitt von Glasplatten (siehe Abbildung 5.1).

Hierbei wird eine definierte Beschädigung in die Oberfläche eingebracht, welche als Rissursprung für den darauf folgenden Bruchprozess fungiert. Die Beschädigung wird von Diamant- oder Hartmetallwerkzeugen direkt in die Oberfläche des Glases eingebracht. Diese können entweder eine zusammenhängende „Ritzlinie“ oder eine Kette kleiner

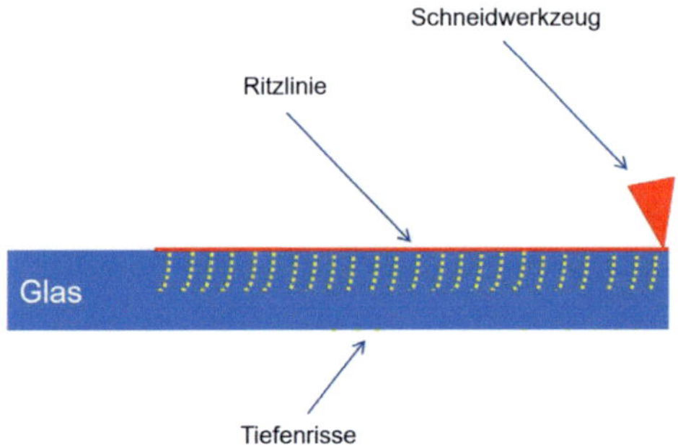

Abbildung 5.1: Schematische Darstellung eines Anritzprozesses, eigene Darstellung

Indents also Eindrücke ergeben. Siehe dazu auch Kapitel 3.2.4.

In der folgenden Untersuchung wird ausschließlich mit Ritzrädchen mit definierten Zähnen gearbeitet, da erfahrungsgemäß die Ausbeute mit Rädchenprozessen deutlich höher ist als bei diamantbasierten Ritzprozessen mit statistisch verteilten Kontaktpunkten. Für andere Ritzwerkzeuge sind ggf. komplexere Einstellvorgänge nötig. [JPV16], [HCJO20] Die verwendeten Schneidräder aus gesintertem Hartmetall mit Zähnen werden „Penett-Wheels" genannt und sind vom Hersteller Mitsuboshi Diamond Industrial.[1]

Der darauf folgende Bruchprozess kann entweder manuell durch das händische Einbringen einer Biegespannung senkrecht zur Ritzlinie oder automatisiert durch eine Biegevorrichtung bzw. durch einen thermischen Gradient eingebracht z.B. mittels CO_2-Laser, durchgeführt werden.

[1]Weitere Hersteller von Schneidrädchen sind beispielsweise die Firmen Bohle, Dalian, Negele, etc.

Abbildung 5.2: Schematische Darstellung eines Ritzrades, [MDIC20]

5.1.2 Aufbau der Schneidanlagen

Die technische Anlage auf der der nachfolgend beschriebene Prozess entwickelt wurde ist eine CNC gesteuerte Portalanlage mit Linearmotoren mit einer hohen Positioniergenauigkeit. Zur Aufnahme des Werkstückes (in diesem Fall Glasplatten) befindet sich unter der Portalkonstruktion ein drehbar gelagerter Tisch aus einer porösen Keramik. Der Arbeitsbereich des Tisches beträgt 600 mm x 600 mm. Zur Fixierung des Glases auf dem Schneidbereich kann die Keramik mit einem Unterdruck beaufschlagt werden, ebenso kann Luftdruck auf die Keramik gegeben werden um das Glas abzuheben. Direkt am Portal befindet sich der Schneidkopf wie in unserem Patent [VJ18] ausgeführt, welcher das Schneidwerkzeug hält. Die Krafteinstellung findet über die Messung an einer Waage und die dosierte Zuführung von Schneidflüssigkeiten in den Schneidbereich über eine Dosiereinrichtung, die mit einem Schlauch an den Schneidkopf angebracht ist, statt.

5.2 Referenzprozess

Wie oben bereits beschrieben ist das Ziel eines Ritzprozesses die Glasoberfläche homogen in einer Art und Weise zu beschädigen, dass möglichst viele Tiefenrisse in Verlängerung der Lastachse entstehen um einen einfachen Bruchprozess zu ermöglichen. Gleichzeitig sollen dabei aber wenige oder im Idealfall keine Risse rechtwinklig zur Ritzlinie entstehen, da sich diese festigkeitsmindernd für das geschnittene Produkt auswirken.

5.2.1 Phänomenologie

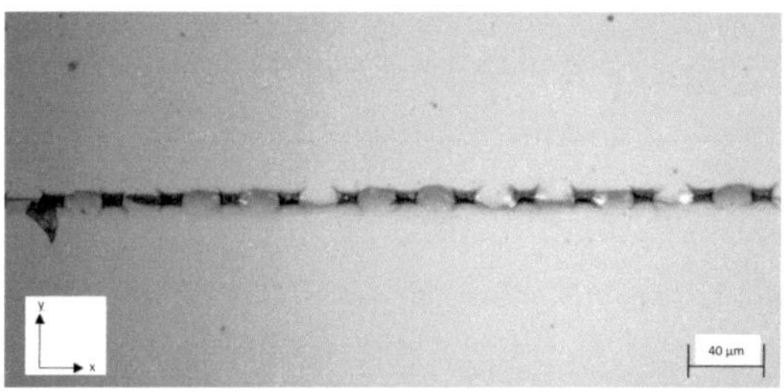

Abbildung 5.3: Bild einer typischen Ritzlinie eines Penett-Wheels (Draufsicht). Man erkennt zwei Typen von Diagonalrissen: 1. kurze, die bei ca. 0,25 des Abstandes zum nächsten Eindruck stoppen. [WH01], [Cor20] 2. lange, die ihre Richtung signifikant ändern und sich mit dem Nachbarn vereinigen (in diesem Bild sind in der oberen Reihe 7/13 Paare vereinigt und in der unteren Reihe: 3/13).

In Abbildung 5.3 sieht man eine typische Ritzlinie, wie sie von einem gut eingestellten Penett-Wheel erzeugt wird. Die Schnittrichtung ist im angegebenen Referenzsystem in x-Richtung. Es drücken sich die pyramidenförmigen Zähne des Schneidrades sukzessive in das Material und hinterlassen deutlich sichtbare, rechteckförmige elastisch-plastische Verformungen im Glas. (Siehe dazu auch Kapitel 3.2.4) Morphologisch genau wie beim Half-Penny-Riss und dem Median-Riss, bilden sich an den Ecken in Verlängerung der Diagonale der rechteckigen Eindrücke Risse aus. Wie ebenfalls in Abbildung 5.3 zu erkennen ist, verbinden sich diese Risse bereits während des Ritzprozesses in x-Richtung, da durch den geringen Abstand der Zähne auf dem Werkzeug mehrere Indents gleichzeitig erzeugt werden. Die dadurch entstehenden Spannungsfelder begünstigen die Verbindung der Risse in x-Richtung und verursachen eine gegenseitige Blockierung des latenten Risswachstums, sodass eine Rissausbreitung in y-Richtung (senkrecht zur Ritzlinie) nicht zu erwarten ist. Beim späteren Brechen entlang der x-Richtung entsteht eine neue Oberfläche, die im gebrochenen Zustand die Schneidkante darstellt (siehe Abbildung 5.4). Wahrscheinlich entstehen hier, wie auch von [CP90] und [WH01] vermutet, durch den Eindruck der Indenter zunächst Medianrisse, die sich später beim Bruch zu Half-Penny-Rissen entwickeln. Durch die Ausrichtung der Risse in Verlängerung der Diagonalen stoppen sich diese jedoch wie oben beschrieben gegenseitig und ermöglichen so eine hochfeste Kante. In der Seitenan-

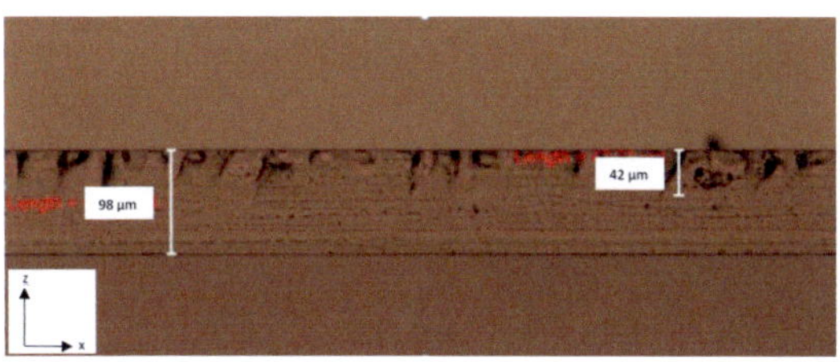

Abbildung 5.4: Bild einer typischen Kante nach Schnitt mit einem Penett-Wheel (Seitenansicht). Im Bild erkennt man Medianrisse, die länger sind als ein Drittel der Glasdicke.

sicht einer mit dem beschriebenen Prozess hergestellten Kante wie in der Abbildung 5.4 sieht man Artefakte von der elastisch-plastischen Verformung des Schneidrädcheneindruckes und auch tiefer gehende Medianrisse von oben nach unten durch das Glas (negative z-Richtung). Die Schneidrichtung ist auch in diesem Bild die positive x-Richtung. Viele eigens durchgeführte Untersuchungen und Vergleiche zwischen Mikroskopiebildern und Festigkeitsmessungen haben ergeben, dass kein Zusammenhang zwischen dem mikroskopischen Erscheinungsbild, der mit diesem Prozess hergestellten Kante und der Festigkeit besteht. Deshalb wurde für die Prozessentwicklung ein statistischer Ansatz gewählt, der aber natürlich auf phänomenologischen Grundüberlegungen beruht.

5.2.2 Status quo

Die Referenzmessungen als Ausgangspunkt für diese Entwicklung wurden, wie auch alle hier folgenden Versuche, auf AF32eco mit 100 μm Nenndicke erstellt. Die Proben haben dabei Abmessungen von 20 mm x 50 mm und wurden mit der Stufenwalze gemessen. Es sei an dieser Stelle darauf hingewiesen, dass der Stufenwalzentest an den so geschnittenen Proben auf den beiden Seiten der Probe unterschiedliche Ergebnisse liefert. Die dem Schneidwerkzeug zugewandte Seite, nachfolgend auch „Ritzseite“ genannt und die dem Werkzeug abgewandte Seite, nachfolgend „Bruchseite genannt. Der Grund dafür ist, dass die Zugspannung in der Probe immer an der, der Stufenwalze abgewandten Seite entsteht und damit entweder die Ritzseite oder die Bruchseite geprüft wird. Diese haben selbstverständlich unterschiedliche Defektverteilungen, da sie durch unterschiedliche Phänomene entstanden sind - die Ritzseite durch das Werkzeug und die Bruchseite durch den Bruchprozess. Weiterhin ist die Ausbeute[2] des Schneidprozesses bis dato

[2]Ausbeute sei hier definiert als der prozentualen Anteil der Produkte, die nach dem vorliegenden Schneidprozess die gewünschte Form haben ohne anderweitig gebrochen zu sein.

nicht genau quantifiziert, sie kann aber durchaus als kleiner 50 % angenommen werden. Es werden pro Seite und Versuch 30 Proben gemessen. Für jeden Datensatz mit 30 Einzelwerten wird mit dem Programm Visual-XSel [Ron20] als Parameter der 2-Parameter-Weibullverteilung die charakteristische Bruchspannung σ_c und das Weibullmodul m bestimmt. Zum Anpassen der Kurven wurde das „Least Square ΔT^2"-Kriterium verwendet. Die im Ergebnisteil angegebenen Vertrauensbereiche beziehen sich auf das 95 %-Intervall und wurden für σ_c über die Chi^2-Methode und für m mit der Näherung von Mock bestimmt. Siehe dazu [Ron13].

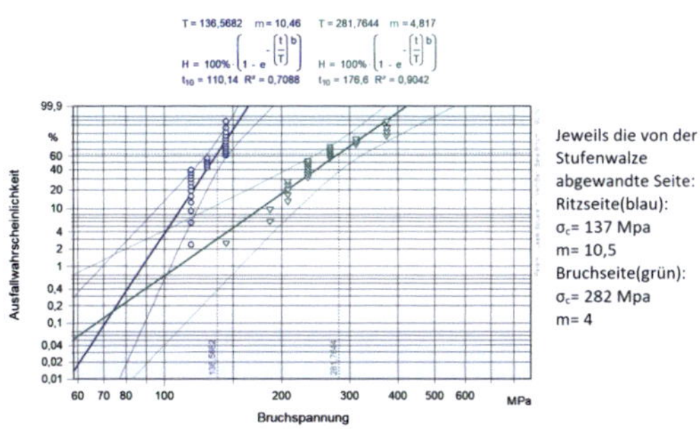

Abbildung 5.5: Weibull-Plot der Ausgangsfestigkeit vor Beginn der Untersuchungen

In der Abbildung 5.5 ist zu erkennen, dass die Weibullparameter für die Ritzseite bei 137 MPa für den charakteristischen Wert und bei 10,5 für das Weibullmodul liegen. Analog liegen diese für die Bruchseite bei 282 MPa und m = 4,8. Diese Parameter sollen somit als Ausgangspunkt für die Prozessentwicklung dienen.

5.3 Parameterscreening

5.3.1 Hypothesen

Um sinnvolle Ansätze für die Entwicklung des Schneidprozesses zu finden wurden zunächst Hypothesen über potentiell relevante Parameter bezüglich der Festigkeit im Prozess aufgestellt. Diese wurden im Folgenden nach Ihrer statistischen Relevanz bewertet. [SAS19]

- Schneidwerkzeug: Die Geometrie des Schneidwerkzeuges hat unmittelbar Auswirkungen auf die definierte Beschädigung der Oberfläche und ist somit ein potentiell wichtiger Parameter.
- Schneidkraft: Die Kraft, mit der das Werkzeug auf das Glas gedrückt wird, hat ebenfalls mit hoher Wahrscheinlichkeit eine direkte Auswirkung auf die Rissinitiation.
- Geschwindigkeit: Die Vorschubgeschwindigkeit bestimmt die Be- und Entlastungsrate mit der ein Zahn des Penett-Wheels in das Glas gedrückt wird.
- Schneidflüssigkeit: Versuche u.a. von [Wie67] haben gezeigt, dass die Rissgeschwindigkeit und damit auch Rissbildung signifikant von der Luftfeuchte abhängen.
- Ansaugdruck zwischen poröser Keramikplatte und der Glasplatte: Da es sich hier um sehr dünnes Glas handelt könnte man zwei Einflüsse durch die Variation des Ansaugdruckes erwarten. Zum Einen könnten durch die Verformung des Glases Spannungen eingebracht werden, die zu unregelmäßiger Rissausbreitung führen. Zum Anderen könnte durch die kumulierte Unebenheit von Tisch und Glas Vibrationen bzw. Schneidkraftinhomogenitäten entstehen.

- Zwischenlage: üblicherweise wird eine Papierzwischenlage beim Schneiden zwischen Schneidtisch und Glas gelegt. Da mit dieser Zwischenlage lokal ein anderes Elastizitätsverhalten zu erwarten ist, sollte auch diese Einflussgröße überprüft werden.

- Alter des Glases: Die Variation zwischen den Produktionschargen sowie etwaige altersabhängige Oberflächeneffekte könnten ebenfalls eine Rolle spielen.

5.3.2 Methode

Um aus einer Vielzahl von Einflussgrößen möglichst effizient die mit dem stärksten Einfluss zu identifizieren bedient sich diese Arbeit der statistischen Versuchsplanung nach [Fis49]. Der Unterschied zwischen der üblichen Vorgehensweise und der statistischen Versuchsplanung ist, dass man nicht einen Parameter pro Versuch ändert („one factor at a time"), sondern systematisch die Ecken eines vieldimensionalen Parameterraumes (sog. „factor space") bestimmt und dazwischen linear interpoliert bzw. eine Regression rechnet. Dies führt bei linearen Zusammenhängen dazu, dass trotz einer relativ kleinen Anzahl an Versuchen ein Modell für den untersuchten Zusammenhang entsteht, welches sowohl Vorhersagen machen kann, als auch die Stärke des Einflusses bestimmter Einflussgrößen vergleichen kann. Man unterscheidet dabei zwischen "Einflussgrößen" (werden in den Versuchen variiert) und „Zielgrößen"(der Einfluss auf selbige wird evaluiert). Bei größeren statistischen Versuchsvorhaben empfiehlt es sich mit einer Software zu arbeiten, welche DoEs sowohl erstellen als auch auswerten kann. Die hiesigen Versuche wurden mit der Software JMP von SAS geplant und ausgewertet. [SAS19]
Die im Kapitel 5.3.1 erörterten Hypothesen wurden operationalisiert und als Einflussgrößen für das DoE definiert. Die Zielgrößen sind:

- der charakteristische Wert der Ritzseite R_α
- das Weibull-Modul der Ritzseite R_β
- der charakteristische Wert der Bruchseite B_α
- das Weibull-Modul der Bruchseite B_β

Hier bleibt noch anzumerken, dass die Bruchseite in fast allen durchgeführten Versuchen die festere ist. Deshalb erscheint es sinnvoll sich bei der Priorisierung der Einflussparameter vor allem auf die Ritzseite zu konzentrieren.

	Muster	Schneidradwinkel in °	Geschwindigkeit in in mm/min	Schneidflüssigkeit	Schneidgewicht in g	Drucklufteinst.Keramikplatte	Zwischenlage	Produktionsjahr	R_α in MPa	R_β	B_α in MPa	B_β
1	-+---+-	90	15000	Trocken	80	5	Nein	2009	173,83889	13,58876	362,77351	3,88535
2	--+----	90	1000	Alkohol	80	5	Ja	2009	228,6651	22,29139	312,8005	2,23807
3	-+-+--+	90	15000	Trocken	120	5	Ja	2014	174,76507	15,19732	308,79295	3,58641
4	-+0-+-+	90	15000	Wasser	80	15	Ja	2014	181,9692	13,79129	354,22945	2,27849
5	1010021	90	8000	Trocken	100	10	Nein	2009	173,44259	14,64292	346,64085	4,54336
6	++0-+--	100	15000	Wasser	80	15	Ja	2009	188,79163	17,52692	336,18368	3,44231
7	1020011	90	8000	Wasser	100	10	Ja	2009	177,01512	10,4925	259,79433	3,64754
8	-+++++-	90	15000	Alkohol	120	15	Nein	2009	218,97517	16,43143	330,08565	3,37654
9	+-+---+	100	1000	Alkohol	80	5	Ja	2014	227,03406	10,72515	368,21184	4,30999
10	----+++	90	1000	Trocken	80	15	Nein	2014	177,31857	12,14699	293,29862	4,83651
11	+-0+-+-	100	1000	Wasser	120	5	Nein	2009	194,30464	7,37416	274,52787	4,40749
12	++-+---	100	15000	Trocken	120	5	Ja	2009	199,13638	14,78435	347,07691	3,35618
13	--0+-++	90	1000	Wasser	120	5	Nein	2014	159,4234	8,42322	253,43151	4,08509
14	--+----	90	1000	Alkohol	80	5	Ja	2009	232,15635	32,90506	370,03121	3,14273
15	1010022	90	8000	Trocken	100	10	Nein	2014	197,98317	8,17435	235,69606	2,66525
16	1010012	90	8000	Trocken	100	10	Ja	2014	198,41509	11,00047	262,86542	2,82889
17	+---++-	100	1000	Trocken	80	15	Nein	2009	186,41471	12,8344	283,44868	3,96924
18	+++++++	100	15000	Alkohol	120	15	Nein	2014	206,23491	15,84476	313,44384	3,82651
19	+++++++	100	15000	Alkohol	120	15	Nein	2014	206,01018	12,60141	317,04977	3,42282
20	--0++--	90	1000	Wasser	120	15	Ja	2009	170,24593	15,54727	313,95053	3,4238
21	1020012	90	8000	Wasser	100	10	Ja	2014	162,21911	10,41849	289,69019	2,84752
22	+--++-+	100	1000	Trocken	120	15	Ja	2014	162,97717	242,0587	283,16723	3,0378
23	1010011	90	8000	Trocken	100	10	Ja	2009	158,15617	14,97504	279,91411	2,7429
24	++0--++	100	15000	Wasser	80	5	Nein	2014	160,95601	23,57101	303,08655	3,3936

Abbildung 5.6: Darstellung der 24 Versuche des DoEs, pro Versuch wurden 60 Proben evaluiert. Die Spalte „Muster“ dient als visuelle Veranschaulichung des durch die DoE-Methode definierten Parametersetups des entsprechenden Versuches.

Wie in der Abbildung 5.6 zu erkennen ist, wurden alle genannten Einfluss- und Zielgrößen in einem statistischen Versuchsplan evaluiert. Dafür wurden 1440 Stufenwalzenmessungen durchgeführt.

5.3.3 Ergebnisse

5.3.3.1 Effektstärke

Wie oben bereits beschrieben ist der erste Schritt bei der Auswertung eines DoEs die Bestimmung der Effektstärke. [SAS19] Diese zeigt Abbildung 5.7 in kumulierter Form über alle oben genannten Zielgrößen. Der blaue, senkrechte Strich im Bild gibt dabei das 0,95-Signifikanzniveau eines T-Tests bezüglich des geprüften Parameters auf die Zielgröße an. Den größten Einfluss auf die Zielgrößen hat die

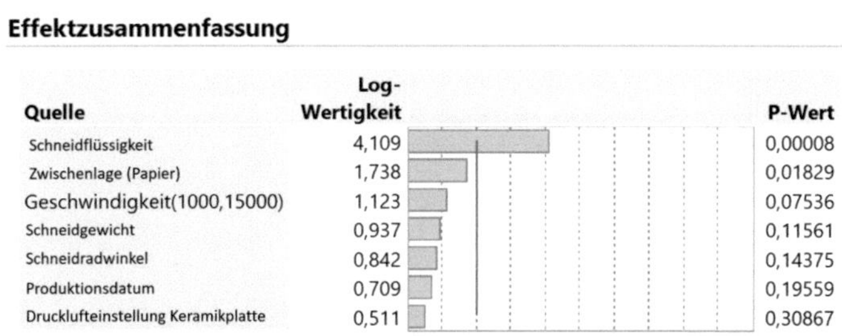

Abbildung 5.7: Darstellung der Effektstärke der Einflussparameter. Die blaue Linie markiert das statistische Signifikanzniveau in Bezug auf die Zielgrößen.

Schneidflüssigkeit, welche im Versuchsplan drei diskrete Werte annehmen konnte: „trocken“,„Wasser“ und „Alkohol“. Das Vorhandensein der Zwischenlage hat ebenfalls einen relativ großen Einfluss, gefolgt von der Geschwindigkeit und des Schneidgewichtes bzw. der Kraft welches die Schneidvorrichtung auf die Glasoberfläche ausübt. Kleinere Einflüsse haben dagegen Schneidradwinkel (Werkzeuggeometrie), Produktionsdatum und die Drucklufteinstellung der Keramikplatte.

5.3.3.2 Modellanpassung

Die lineare Modellanpassung der Einflussgrößen auf die Zielgröße R_α ist in der Abbildung 5.8 zu sehen. Hierbei wird deutlich, dass das Bestimmtheitsmaß r^2 der Regression bei einem relativ geringen Wert von 0,74 liegt.

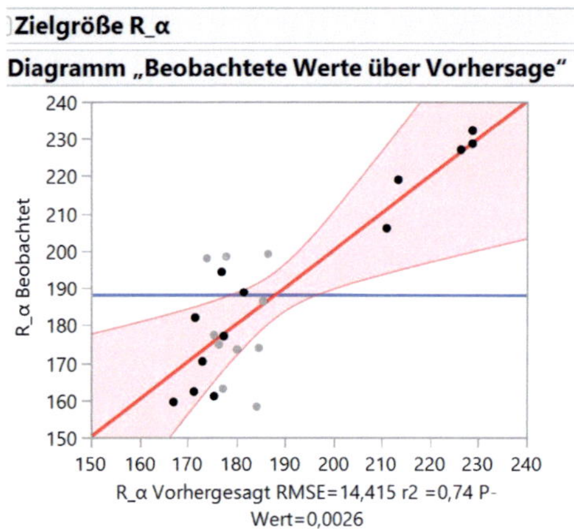

Abbildung 5.8: Darstellung der Güte der Modellanpassung für den charakteristischen Wert der Ritzseite (R_α) auf den Achsen „Beobachtet“ und „Vorhergesagt“. Die Punkte sind gruppiert nach den Schneidflüssigkeitsparametern „Trocken“ in hellgrau vs. „Wasser“ und „Alkohol“ in schwarz.

5.3.4 Interpretation

5.3.4.1 Effektstärke

Aus den Ergebnissen der Effektstärkenbetrachtung ergibt sich, dass für die folgenden Versuche die Einflussgrößen Schneidflüssigkeit, Zwischenlage, Geschwindigkeit und Schneidgewicht bzw. Kraft genauer

untersucht werden sollten, da diese für einen großen Teil der Varianzaufklärung sorgen. Weiterhin zeigt die Erfahrung bei der Prozessentwicklung, dass Einflussgrößen mit P-Werten deutlich größer als 0,1 einen kleinen Vorteil im Prozessverständnis bringen im Verhältnis zum entsprechenden Versuchsaufwand. Aus diesen Gründen werden im weiteren Verlauf dieser Arbeit die Größen Schneidradwinkel, Produktionsdatum und Druckluft Keramikplatte in weiterführenden DoEs nicht mehr untersucht und entsprechend auf den Werten 100°, 2014 und -10 gehalten.
Dass die Einflussgröße „Schneidflüssigkeit“ den größten Einfluss hat bedeutet zunächst, dass die Umgebungsbedingungen lokal am Schneidwerkzeug großen Einfluss auf die Kantenfestigkeit haben. Bei einem Bestimmtheitsmaß des Modells von nur 0,74 kann allerdings nicht mit Sicherheit gesagt werden welche der Einstellung die präferierte ist. Kontraintuitiv erscheint zunächst, dass das Vorhandensein der Zwischenlage einen größeren Einfluss auf die Kantenfestigkeit hat als Schneidgeschwindigkeit und Schneidgewicht bzw. -kraft. Bei tieferer Überlegung aber kann man vermuten, dass das Zusammenspiel zwischen Tisch, Papier, Glas, Schneidkraft und Schneidkopf wohl einen deutlichen Einfluss auf das Ergebnis haben muss. Dies erscheint auch logisch, da die Papierzwischenlage die lokale Elastizität stark verändert und sich dazu etwaige Unebenheiten im Glas und auf dem Schneidtisch in inhomogenen Indents manifestieren können.

5.3.4.2 Modellanpassung

Bei genauerer Betrachtung der deutlich von der Vorhersage abweichenden Werte wird ersichtlich, dass dies Versuche mit der Einstellung „trocken“ sind. Bei Ausschluss dieser ergibt sich wie in Abbildung 5.9 zu sehen eine sehr gute Modellanpassung mit einem Bestimmtheitsmaß von $r^2 = 0,94$ in Bezug auf den charakteristischen Wert der Ritzseite.

Dies bedeutet, dass es möglich ist, mit den gewählten Einflussgrößen

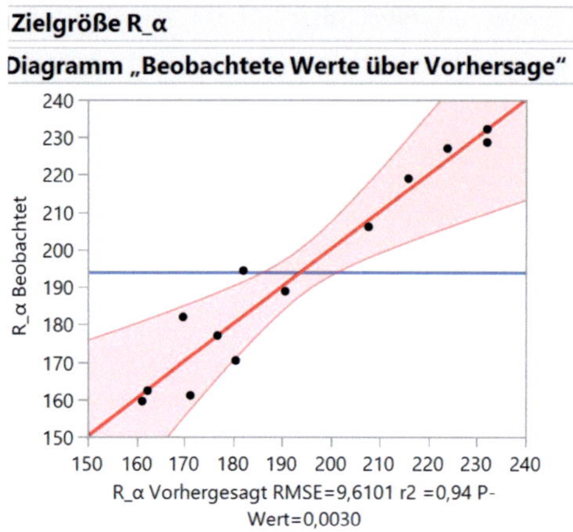

Abbildung 5.9: Darstellung der Güte der Modellanpassung für den charakteristischen Wert der Ritzseite (R_α) auf den Achsen „Beobachtet" und „Vorhergesagt" unter Ausschluss der „Trocken"- Versuche

unter den Schneidflüssigkeitsbedingungen „Wasser" und „Alkohol" den charakteristischen Wert der Ritzseite recht genau vorherzusagen. Im Rückschluss auf die Phänomenologie (siehe Kapitel 5.2.1) darf man annehmen, dass die Rissbildung in diagonaler Richtung in „feuchter" und damit definierter Umgebung homogener vonstatten geht. Wie im Kapitel 3.2.6.5 bereits erläutert, ändern sich Rissgeschwindigkeiten im Glas in Abhängigkeit der Anwesenheit von Wasser bzw. Wasserdampf an der Rissspitze. [MB88], [Wie67] Somit sind homogene Bedingungen in Sachen Feuchte an der Rissspitze eine Grundvoraussetzung für einen reproduzierbaren, festigkeitsoptimierten Schneidprozess. Im Klartext bedeutet dies für die Prozessentwicklung, dass der Prozess durch die reine Anwesenheit von Flüssigkeit zwar im Ergebnis nicht sofort besser im Sinne einer höheren Festigkeit wird, er aber vorhersagbarer also auch stabiler wird. Auf Grundlage dieser Stabilität kann der Prozess dann durch die entsprechende Einstellung anderer Einflussgrößen (z.B.: Schneidgewicht bzw. -kraft, Zwischenlage, Schneidgeschwindigkeit, etc.) auf maximale Festigkeit optimiert werden.

5.4 Ergebnisgeleitete Prozessentwicklung

Abgeleitet von den Ergebnissen der umfangreichen Screening Versuche aus Kapitel 5.3 folgen nun Untersuchungen des Zusammenspiels zwischen Schneidtisch, Glas und dem verwendeten Schneidkopf. Zur Untersuchung des vorgenannten wurde eine Online-Kraftmessung an den Schneidkopf angebaut.

5.4.1 Online-Kraftmessung

5.4.1.1 Versuchsaufbau

Die Schneidmaschine wurde mit einem Schneidkraftmesssystem bestehend aus Dehnungsmessstreifen an den Federelementen ausgestattet. Das System ist fähig Kräfte von 0,002 N bis 10 N zu messen. Die maximale Messfrequenz in diesem Setup beträgt 200 Hz. Zur Kalibrierung wurde die Schneidkraft (Gewicht) mit einer Waage gemessen und der resultierende Wert mit dem Wert des Kraftsensors verglichen. Dabei wurde eine sehr dünne Glasdicke[3] gewählt, um den Effekt von glasverursachten Unebenheiten möglichst klein zu halten. Die Prozessparameter im Versuch waren:

- AF32 25 μm 300 mm x 300 mm
- Vorschubgeschwindigkeit 5000 mm/min
- 280 mm Schnittlänge, 20 Schnitte pro Glasscheibe

[3]Durch den Herstellungsprozess ist ist Ebenheit des Glases proportional zu dessen Dicke und beträgt ±3 %

- 91,0 g Schneidkraft im Versuch 1; 112,0 g im Versuch 2

5.4.1.2 Ergebnisse

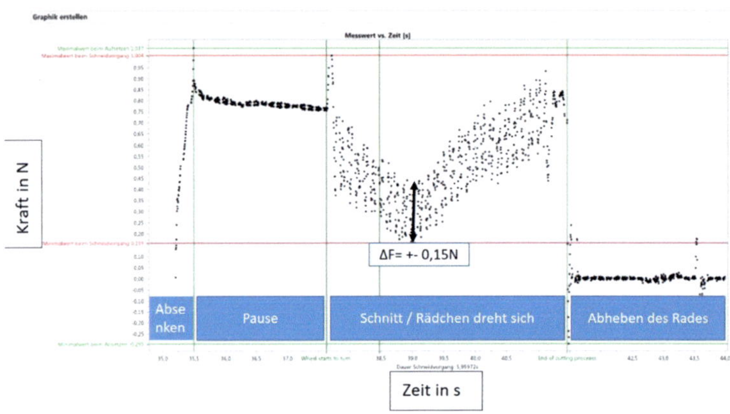

Abbildung 5.10: Abbildung Kraft beim Schnittverlauf

Der Bereich auf der linken Seite der ersten vertikalen grünen Linie bezieht sich auf das Ansteigen der Kraft, beim Absenkvorgang des Schneidkopfes. Der nächste Bereich ist eine maschinell vorgegebene „Pausenphase“ bevor der Schneidvorgang beginnt. Der darauf folgende Bereich repräsentiert den Schneidvorgang. Der letzte Abschnitt in diesem Bild ist das Abheben des Rädchens vom Glas. Im mittleren Bereich beobachtet man ein v-förmiges Verhalten der Schneidkraft, das durch eine hochfrequente Kraftänderung überlagert wird. Alle Schnitte zeigen das gleiche Verhalten. Die Amplitude der hochfrequenten Kraftänderung liegt bei etwa $\pm\ 0,15$ N.

Zur besseren Auswertung und besserem visuellen Verständnis ist in Abbildung 5.11 eine best-fit Kurve in blau in die Daten eingezeichnet. Diese lässt noch zwei weitere Effekte erkennen. Erstens hat die Pausenphase zusätzlich zur Gesamtverkleinerung der Kraft eine überlagerte

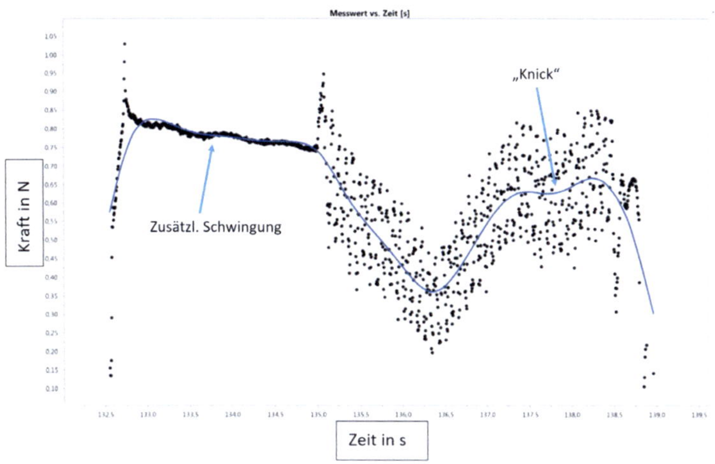

Abbildung 5.11: Abbildung Kraft beim Schnittverlauf, mit Best-Fit Kurvenanpassung in blau

Schwingung. Zweitens gibt es innerhalb des Anstiegs der Kraft im Schneidzyklus einen weiteren Effekt, der einen Knick innerhalb der Parabel verursacht.

5.4.1.3 Interpretation

Erster Effekt: Kraftänderung bei hoher Frequenz Um die Ergebnisse zu verstehen, müssen einige grundlegende Gedanken bezüglich der Drehung des Rades gemacht werden:

Evaluierung der Validität der Zeitmessung Hierzu müssen die theoretische Drehzahl, berechnet aus den Geometriedaten des Werkzeuges und der Geschwindigkeitseinstellung der Maschine und den Zeitdaten aus Abbildung 5.10, verglichen werden.
Berechnung der theoretischen Drehzahl:

Der Durchmesser des Schneidrades beträgt 2,5 mm. Folglich beträgt der Umfang 7,854 mm. Dies ergibt 35 Umdrehungen pro Schnitt. Die Schnittgeschwindigkeit wurde zu 5000 mm / min gewählt, daher werden 0,056 Minuten oder 3,36 s für eine Schnittlänge von 280 mm benötigt. Letztendlich dauert eine Umdrehung des Rades etwa 0,1s. Folglich macht das Schneidrad ungefähr 10 Umdrehungen pro Sekunde (10 Hz).
Berechnung der empirisch gemessenen Drehzahl:
Der Zeitrahmen zwischen dem Starten und Stoppen des Drehrads beträgt 3,83 s. In der Praxis dreht sich das Rad also etwa einmal in 0,1 s (10 Hz). Da der theoretische Wert und der empirisch abgeleitete Wert sehr nahe beieinander liegen, können wir den Zeitstempel der empirischen Messung als valide betrachten.

Ursache der hochfrequenten Kraftänderung Das Experiment zeigt eine stark wechselnde Kraft, sobald sich das Rad zu drehen beginnt. Da das Rad Zähne hat, könnte eine naheliegende Erklärung sein, dass die Kraftänderung durch die Zähne des Rades verursacht wird. Das verwendete Penett-Wheel hat 360 Zähne, daher würde man für jede Umdrehung des Rades 360 Kraftänderungen erwarten. Um die Gültigkeit dieser Hypothese zu beurteilen, wurde die mittlere Häufigkeit der Kraftänderungen berechnet. Die jeweilige Frequenz wurde berechnet, wobei der Zeitwert von jedem Peak genommen, die Werte des nächsten lokalen Peaks voneinander subtrahiert und invertiert wurden, um die Frequenz in Hertz zu erhalten. Dies wurde für jeden Peak in den Ergebnissen durchgeführt. Danach wurde der Mittelwert berechnet. Aufgrund von Schwierigkeiten bei der Identifizierung der richtigen Spitzen und vermutlich weiter überlagerten Schwingungen gibt es vereinzelt Frequenzwerte, die doppelt so groß sind wie die normale zugrunde liegende Frequenz. Diese Werte wurden durch 2 geteilt. Die mittlere Frequenz der Kraftänderung ergibt sich zu 10,15

Hz. Demnach kann also die beobachtete Kraftänderung nicht durch die Zähne verursacht werden, da die „Zahnfrequenz" der Radfrequenz von ca. 10 Hz multipliziert mit der Anzahl der Zähne entspricht. Die resultierende Frequenz wäre also größer als 1 kHz. Darüber hinaus reicht das Messintervall von 200 Hz natürlich nicht aus, um eine Frequenz im Kilohertz-Bereich aufzuzeichnen. Überraschenderweise entspricht die Kraftänderungsfrequenz der Drehfrequenz des Rades. Dies kann zum einen auf einen mechanischen Defekt des Rades hinweisen; Andererseits kann dies ein Hinweis auf Resonanzen sein, die durch höhere Frequenzen verursacht werden, die nicht gemessen werden konnten. Eine andere mögliche Erklärung könnten Variationen in den geometrischen Eigenschaften des Glases sein. In beiden Fällen müssen die mechanischen Eigenschaften des Schneidkopfes / der Maschine überprüft werden.

Zweiter Effekt: parabolisches Verhalten der mittleren Kraft während des Schneidvorgangs Folgende zunächst nicht verifizierbare Annahmen können getroffen werden:

- Der Schneidtisch ist nicht eben genug.
- Die mechanische Konstruktion des Schneidkopfes verursacht dieses Verhalten

Dritter Effekt: Kraftabbau über die Zeit Dieser Effekt ist bereits aus vorherigen Experimenten und (Produktions-) Erfahrungen bekannt. Es wurden bei Schneidkraftmessungen mit der Zeit generell kleinere Kräfte gemessen, als anfangs eingestellt wurde. Es liegt nahe, dass dieses Verhalten durch die Maschinenkonstruktion bzw. den Schneidkopf hervorgerufen wird.

Vierter Effekt: Überlagerte Schwingungen in der „Pause-Phase" Es gibt keinen offensichtlichen Grund für eine Vibration, während die

Maschine stillsteht. Ein möglicher Grund dafür könnte ein geringfügig schwankender Luftdruck im Pneumatikzylinder des Schneidkopfes sein.

5.4.2 Neuer Schneidkopf

Wie im Kapitel 5.4.1 ausführlich beschrieben deutet vieles darauf hin, dass eine konstruktive Veränderung an der Anlage Voraussetzung für weitere Entwicklungsschritte und Verbesserungen im Prozess ist.

Wie aus den obigen Ergebnissen klar wird, sollte die Konstruktion des Schneidkopfes so sein, dass die Kraft so linear und gleichförmig wie möglich in das Schneidwerkzeug geleitet wird. Um die Nachteile früherer Konstruktionen von Schneidköpfen wie zum Beispiel Stick-Slip-Effekte (siehe [Rui83]) in Lagern zu überwinden, müssen möglichst alle Translations- und Rotationsbewegungsmöglichkeiten beseitigt werden. Unter Berücksichtigung dieser Tatsache basiert die Idee auf der Ausnutzung der Materialelastizität eines Federsystems wie in Abbildung 5.12 dargestellt. Dies mündete in Patent [VJ18].

5.4.3 Tischmessung

5.4.3.1 Aufbau

Zur Messung der Ebenheit des Tisches wurde eine Messuhr mit der Messgenauigkeit $\pm$ 5 μm an die Maschine gebaut. Wie in der Abbildung 5.13 zu sehen wurden an 49 Punkten des Tisches Messwerte relativ zu einem arbiträren Referenzwert (Nullpunkt, im Bild 1.1) gemessen. Die in der Produktion benutzte, aktive Schneidfläche ist im Bild grau dargestellt.

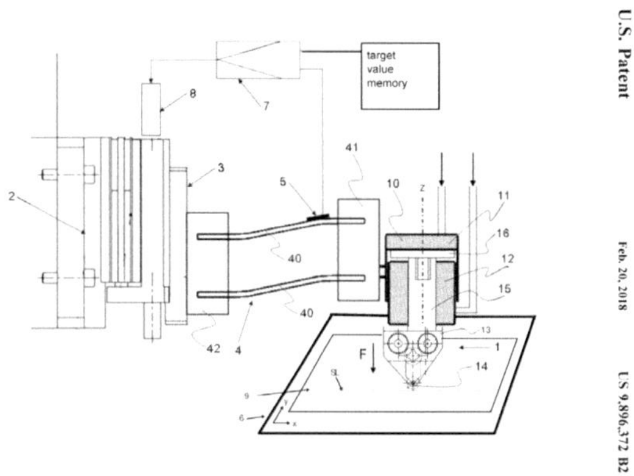

Abbildung 5.12: Schematische Darstellung des entwickelten Schneidkopfes. Bild im Original aus unserem zugehörigen Patent [VJ18]. Die wichtigsten Funktionsbauteile im Bild zu sehen sind: Nr.2: Aufnahme des Schlittens am Portal der verfahrbaren CNC-Maschine. Nr.8: Millimeterschraube zur Zustellung der Schneideinheit am Schlitten(Nr.3). Nr.40: Federbleche zur Realisierung des Federnden Schneidkopfes. Nr.41/10: Schneidkopf und drehbar gelagerte Werkzeugaufnahme. Nr.14: Schneidrädchen

5.4.3.2 Ergebnisse

Die Differenz vom höchsten zum niedrigsten Wert beträgt über den ganzen Tisch 101 μm und über die graue, aktive Fläche 76 μm. Diese Messungen wurden dreimal wiederholt, dabei ergab sich der gleiche Wert.

5.4.3.3 Interpretation

Um das Ergebnis im Bezug auf die Kraftänderung im Werkzeug zu interpretieren müssen nun noch Annahmen für die Ebenheit des Glases

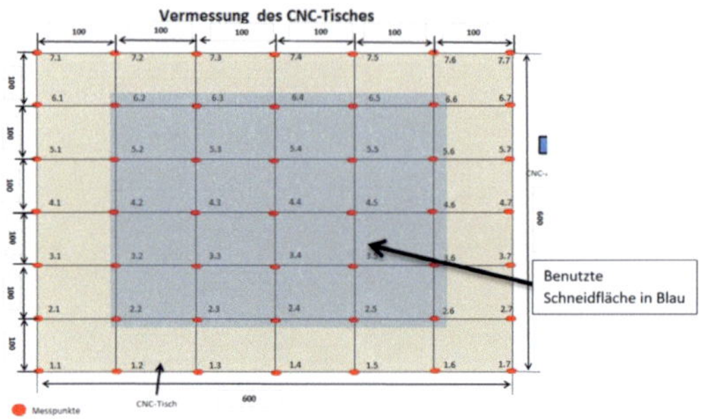

Abbildung 5.13: Schematischer Aufbau der Tischmessung

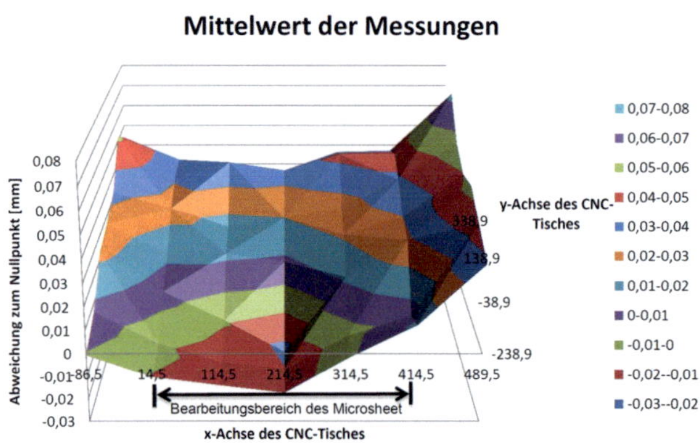

Abbildung 5.14: Ebenheitsdarstellung des Schneidtisches. Die farblichen Markierungen zeigen die Größe der Abweichung zum Referenz- bzw. Nullpunkt an. Der Berarbeitungsbereich ist dabei auf 400 mm eingeschränkt.

getroffen werden. Die TTV[4] ist bei dünnen Gläsern $< 15\ \mu m$ und der Warp[5] bei eingeschaltetem Vakuumtisch bei $< 100\ \mu m$.
Summiert man nun die Dicken- und Ebenheitsabweichungen von Glas

[4]Total Thickness Variation, Dickenabweichung, siehe [SCH20a]
[5]Ebenheitsabweichung siehe ebenfalls [SCH20a]

und Tisch auf, so ergeben sich Maximalabweichungen von 216 μm für den Gesamttisch respektive 181 μm für die aktive Fläche des Tisches. In zusätzlichen Messungen wurde die Kraft/Auslenkungskurve für das Federsystem des Schneidkopfes aufgenommen. Hieraus ergibt sich eine Kraftänderung von 0,03344 N (3,41 g) respektive 0,02805 N (2,86 g). Die Versuche im Kapitel 5.3 sowie einschlägige Erfahrungen zeigen, dass Kraftänderungen in dieser Größenordnung keinen signifikanten Einfluss auf den Prozess darstellen. Der Tisch kann also als bezüglich seiner Ebenheit als geeignet bezeichnet werden.

5.4.4 Optimierungsversuche

5.4.4.1 Versuchsaufbau

Nach den konstruktiven Änderungen durch den neuen Schneidkopf an der Anlage wie in Kapitel 5.4.2 beschrieben, den Ausschluss von Effekten mit weniger starkem Einfluss wie Tischebenheit (vgl. Kapitel 5.4.3) sowie Zwischenlage, Glasalter und Ansaugdruck (vgl. Kapitel 5.3.3) muss der so gestaltete Aufbau bzw. Prozess erneut zu Erzeugung von möglichst bruchfesten Kanten an AF32 in 100 μm Dicke optimiert werden. Hierzu wurden verschiedene Krafteinstellungen (zwischen 80 g und 120 g) unter konstanter Zuführung von Alkohol unter Benutzung des neuen Schneidkopfes getestet und ausgewertet.

5.4.4.2 Ergebnisse

Die optimale Einstellung des Prozesses ergibt einen charakteristischen Wert auf der Ritzseite von 168 MPa bei einem Weibull-Modul von 10,5, analog für die Bruchseite 313 MPa und ein Modul von 5,2.

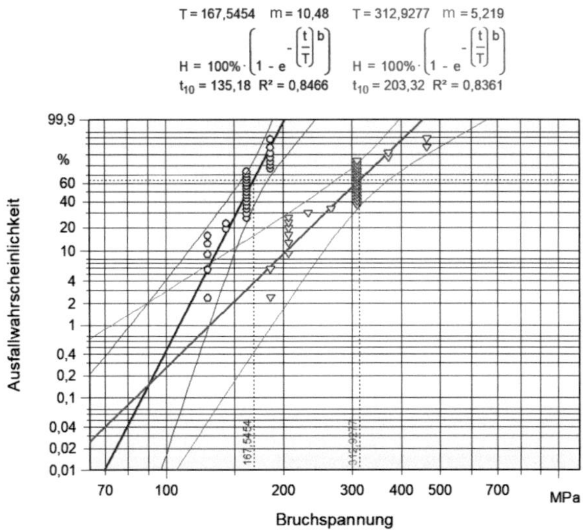

Abbildung 5.15: Weibull-Plot des Optimierten Schneidprozesses. Jeweils von der Stufenwalze abgewandte Seite: Blau: Ritzseite, Grün: Bruchseite

5.4.4.3 Interpretation

Die Ergebnisse auf der Ritzseite haben sich im Vergleich zum im Kapitel 5.2.2 angegebenen Ausgangszustand von 136,6 MPa für den charakteristischen Wert um gut 30 MPa erhöht, während der Weibull-Modul nahezu gleich geblieben ist. Dies kann dadurch erklärt werden, dass durch den optimierten Aufbau der Anlage die Krafteinleitung homogener ist und damit die aufgebrachte, absolute Kraft feiner dosiert werden kann. Diese feinere Dosierung führt zu einer besseren Ausbildung der phänomenologisch gewünschten Tiefenrisse und gleichzeitig zu einer Verkleinerung der Risse senkrecht zur Ritzlinie. Aus dem gleichbleibenden Modul kann man schließen, dass noch immer das gleiche Schädigungsphänomen, hervorgerufen durch das Penett-Wheel, zugrunde liegt. Auf der Bruchseite ergibt sich ebenfalls ein deutlicher Unterschied im charakteristischen Wert und ein marginaler im Modul. Während das Gleichbleiben des Moduls wie oben über das gleiche Schädigungsphänomen (in diesem Fall der Bruchvorgang) erklärt werden kann, so ist der Einfluss des optimierten Prozesses auf den charakteristischen Wert der Bruchseite zunächst nicht offensichtlich. Es lässt sich vermuten, dass die oben beschriebene bessere bzw. homogenere Ausbildung der Tiefenrisse dazu führt, dass durch den Bruchprozess kleinere Risse senkrecht zur Bruchkante entstehen. Es darf festgehalten werden, dass die statistische und maschinenbauliche Optimierung der Anlage zu einer deutlichen Verbesserung der Festigkeit auf beiden Seiten des geschnittenen Dünnglases geführt hat.

5.5 Langzeitvalidierung

5.5.1 Versuchsaufbau

Der vorliegende Prozess musste vor der Produktionsüberführung einem Validierungsversuch standhalten. Dabei wurden über sieben Wochen an jedem Werktag jeweils 30 Proben AF32eco 100 μm im Format 100 mm x 20 mm[6] für Ritz- und Bruchseite (60 Proben pro Tag) genommen und ausgewertet. Einerseits ist dieser Versuch aus wirtschaftlich/industrieller Sicht notwendig zur Sicherstellung von Qualität und Lieferfähigkeit, v.a. gerade nach dem konstruktiven Umbau der Anlagen, andererseits liefert dieser durch die hohe Anzahl an Messungen wertvolle, wissenschaftlich interessante Daten zur empirischen Bestimmung der Bruchspannung bei niedrigen Ausfallwahrscheinlichkeiten. Es wurden insgesamt 781 Proben pro Seite untersucht. Dies entspricht einer untersuchten Gesamtkantenlänge von 312,4 m.

[6]Hier wurde vom Standardprobenformat 50 mm x 20 mm absichtlich abgewichen um die statistische Aussagefähigkeit bei nahezu gleichem Aufwand im Versuch zu erhöhen.

5.5.2 Ergebnisse

Auf dem Weibull-Plot der Abbildung 5.16 für die Validierungsversuche erkennt man für die Ritzseite einen charakteristischen Wert von 153 MPa bei einem Modul von 9. Auf der Bruchseite liegt der charakteristische Wert bei 348 MPa bei einem Modul bei 4,8. Es ist auffällig, dass keine der 1562 Proben unter einem Wert von 100 MPa gebrochen ist, die Verteilung aber klar solche Brüche vorhersagt. Dies äußert sich ebenfalls in der deutlichen Vergrößerung, der 95 %-Konfidenzintervalle zu niedrigen Ausfallwahrscheinlichkeiten hin.

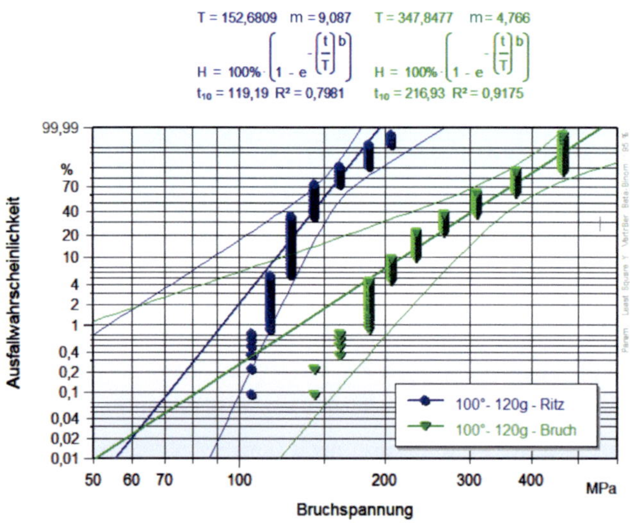

Abbildung 5.16: Weibullplot der Validierungsergebnisse. Jeweils von der Stufenwalze abgewandte Seite: Blau: Ritzseite, Grün: Bruchseite

5.5.3 Interpretation

5.5.3.1 Langzeitvalidität des Prozesses

Die Untersuchung an einer hohen Anzahl von Proben hat gezeigt, dass der Prozess auch langfristig zuverlässig eine hohe Kantenfestigkeit liefert. Bei der Optimierung auf zwei Parameter gleichzeitig, nämlich dem charakteristischen Wert und dem Weibull-Modul, ist nicht immer eindeutig welche Verbesserung nun den größeren Einfluss auf die Produktlebensdauer hat. Basierend auf Standardformaten, die in der Spezialglasindustrie gängig sind, wurde folgende Konvention ersonnen: Eine Gen2[7] - Glasplatte sollte bei entsprechender Belastung (in Abbildung 5.17 100 MPa) eine Versagenswahrscheinlichkeit von < 5 % haben. Somit kann der Abstand zwischen dem entsprechenden Versuchsdatenpunkt und der roten Linie als „Gütekriterium“ herangezogen werden.

Da die Validierungsversuche mit doppelt so langen Proben wie die anderen Versuche in dieser Grafik durchgeführt wurden, musste der charakteristische Wert korrigiert werden. Hierzu wird die bekannte Beziehung aus Formel 4.5 verwendet. Der charakteristische Wert ergibt sich zu 165 MPa und wurde auch so in der Abbildung 5.17 eingetragen. Es ist abschließend festzustellen, dass eine deutliche Verbesserung der Versagenswahrscheinlichkeit im Produkt erreicht werden konnte und der Prozess auch langfristig stabil ist.

5.5.3.2 2- vs. 3-Parameter-Weibullverteilung

Bei einer dermaßen großen Anzahl an gemessenen Proben müsste logischerweise genügend gesichertes Datenmaterial vorhanden sein um eine Verteilung mit vertretbar großen Konfidenzintervallen anzupassen. Des-

[7] Gen bedeutet “Generation“ und stellt ein Standardplattenformat in der Displayindustrie dar. Gen2 entspricht den Abmessungen 430 mm x 370 mm

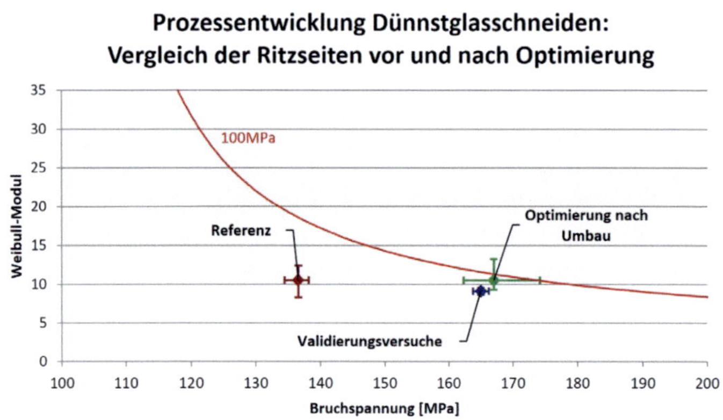

Abbildung 5.17: Vergleich der Ergebnisse vor und nach der Optimierung, die rote Linie stellt sind die Parameterkombinationen dar, bei denen die 5%-Quantile für Probenlängen 1,68 m bei der entsprechenden Bruchspannung liegt.

halb liegt die Vermutung nahe, dass die hier verwendete, 2-Parameter-Weibullverteilung, nicht zur Vorhersage der Ausfallwahrscheinlichkeit (vor allem bei kleineren Werten der Ausfallwahrscheinlichkeiten $< 10\,\%$) geeignet ist. Eine Anpassung mit einer 3-Parameter-Weibullverteilung (siehe [Wei51]) wie in der Abbildung 5.18 gezeigt scheint deutlich sinnvoller zu sein. Wie in Kapitel 3.2.7.1 ausgeführt, stellt der dritte Weibullparameter eine Art Grenzwert dar, unter dem die Versagenswahrscheinlichkeit Null ist.

Für das Verwenden einer 3-Parameter-Weibullverteilung muss es also auch einen technisch/physikalischen Grund geben, weshalb es diesen Grenzwert gibt bzw. geben sollte. Im hiesigen Fall darf man annehmen, dass der hier entwickelte Prozess ausschließlich Oberflächen hervorbringt, die bruchfester als $> t_0 = 101,6$ MPa sind. Grundlage hierfür sind, wie u.a. in den Kapiteln 5.2.1 und 5.3.4.2 ausgeführt, eine homogene Rissausbreitungsgeschwindigkeit und sukzessive optimierte

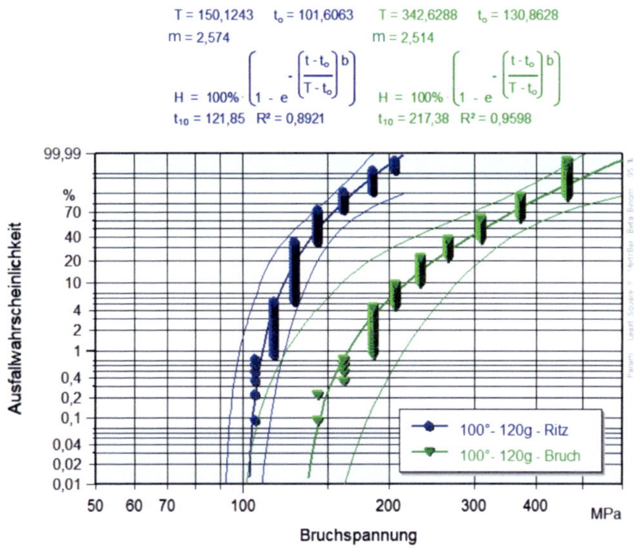

Abbildung 5.18: Weibullplot der Validierungsergebnisse angepasst mit einer 3-Parameter-Weibullverteilung. Jeweils von der Stufenwalze abgewandte Seite: Blau: Ritzseite, Grün: Bruchseite

Maschinenbau- und Prozessparameter.

Diese Einsicht stellt ein Novum in der bruchstatistischen Betrachtung von dünnem bzw. ultradünnem Glas dar. Es darf vermutet werden, dass die 3-Parameter-Weibullverteilung deshalb selten in diesen Zusammenhängen verwendet wird, da die Unzulänglichkeit der 2-Parameter-Weibullverteilung erst bei einer sehr großen Anzahl von Messwerten zutage tritt. Für die Glaskeramik SCHOTT Zerodur ist die 3-Parameter-Weibullverteilung bereits für verschiedene Bauteilgeometrien ingenieurtechnisch etabliert und für bestimmte Nachverarbeitungsprozesse mehrfach empirisch nachgewiesen. Siehe dazu [Har12], [HLC+14], [Har17] und [BHW12]. Im wissenschaftlichen Diskurs wird von [BPRC16] zur mathematischen Modellierung derart gelagerter Daten auch die linksseitig gestutzte bzw. „left-truncated“ Weibull-Verteilung vorgeschlagen, welche intrinsisch von einer Aussortierung von Proben unterhalb eines bestimmten Festigkeitsgrenzwertes ausgeht und damit eine Erklärung für selbigen Grenzwert liefert. Aus ingenieurwissenschaftlich relevanter Sicht bleibt aber für sowohl für Dünnglas als auch für Zerodur festzustellen, dass bei ausreichender industrieller Prozesskontrolle durchaus die Möglichkeit besteht Oberflächen herzustellen, die trotz einer von Null verschiedenen Bauteilbelastung dennoch eine Versagenswahrscheinlichkeit unterhalb eines ingenieurwissenschaftlich relevanten Levels haben.

6 Zusammenfassung und Ausblick

Ultradünne Gläser werden seit Jahrzehnten industriell hergestellt. Ihre Anwendungen beschränkten sich dabei auf wenige Nischen, wie beispielsweise Mikroskopiedeckgläschen in 145 μm Dicke. Um weitere Anwendungsfelder für ultradünne Gläser zu erschliessen müssen diese weiteren Industrieökosystemen zugänglich und mit diesen kompatibel gemacht werden. Eine besondere Rolle spielt dabei deren Festigkeit, da diese sowohl in weiteren Verarbeitungsschritten als auch im Endprodukt zuverlässig bis zum Ende des Produktlebenszyklus halten müssen. Da die Festigkeit von Gläsern in der Realität maßgeblich durch deren Oberflächeneigenschaften bzw. dort befindliche Mikrorisse definiert ist, sind Trennprozesse von Gläsern, wegen der zum Trennen notwendigen Einbringung von Oberflächendefekten, hier von besonderem Interesse. Gerade bei ultradünnen Gläsern ist es somit auch von Vorteil einen kantenfestigkeitsoptimierten Trennprozess zu verwenden, da weitere Kantenbearbeitungen, wie etwa Schleifen, Polieren o.ä. zusätzlichen Aufwand bedeuten und solche Prozesse für Glasdicken < 100 μm mitunter noch nicht industriereif entwickelt sind. Laserbasierte Prozesse sind zum Zeitpunkt der Erstellung dieser Arbeit in Sachen Festigkeit noch nicht wettbewerbsfähig. Aufgrund der hohen Geschwindigkeit der Entwicklungen in der Lasertechnik kann sich dies in naher Zukunft ändern. Um das Problem eines kantenfestigkeitsopti-

mierten Dünnglasschnittes zu lösen, musste neben der Festlegung auf eine Weiterentwicklung eines mechanischen Ritz-Trennprozesses auch ein Messverfahren entwickelt werden, welches es erlaubt, große Stichprobenzahlen relativ einfach und produktionsnah zu messen. Folglich ging aus dieser Arbeit die Entwicklung des Zylinderprüfverfahrens und eine zugehörige Veröffentlichung und Patentfamilie hervor. Weiterhin sind bei den Arbeiten zu dieser Dissertation 16 weitere Patentfamilien, drei weitere wissenschaftlich begutachtete und zahlreiche zusätzliche Veröffentlichungen entstanden. Nach dem Vergleich und der theoretischen Betrachtung einiger potentieller Fehlerquellen bleibt festzuhalten, dass das Zylinderprüfverfahren für Vergleichsmessungen, nicht aber für Absolutmessungen der Festigkeit von Dünnglasproben mit hohem Lebensdauerexponenten n geeignet ist. Für den Zweck der Prozessentwicklung ist die erzielbare Genauigkeit jedoch hinreichend.
Nach ausführlicher mikroskopischer Untersuchung der Phänomenologie der durch das Ritzwerkzeug eingebrachten Beschädigungen und den damit in Verbindung stehenden Festigkeitsergebnissen wurde klar, dass eine sehr schlechte Ritzline und damit Kante mit geringer Festigkeit identifiziert werden kann. Es konnte jedoch kein sichtbarer Unterschied zwischen den Ritzlinien von Proben mit der Referenzfestigkeit und der optimierten, 20 % höheren Festigkeit nach der Prozessentwicklung festgestellt werden. Folglich wurde die verwendete Schneidanlage auf potentiell prozessrelevante Schwachstellen hin untersucht und optimiert. Hieraus entstand ein neuartiger, gefederter Schneidkopf, der mit den entsprechenden Prozessparametern patentiert und im Massenproduktionseinsatz ist. Bei einem statistischen Screening potentiell relevanter Prozessparameter fiel auf, dass die Festigkeit bei Anwesenheit von wasserhaltigen Schneidflüssigkeiten linear durch die gewählten Einflussparameter vorhersagbar sind, ohne Schneidflüssigkeit ergibt sich jedoch kein gutes Vorhersagemodell. Dieses Verhalten kann durch

ein gleichmäßiges Vorhandensein von Wasserdampf an der Rissspitze, hervorgerufen durch die Schneidflüssigkeiten und damit gleichbleibende Rissgeschwindigkeiten bei Einbringen der Beschädigungen ins Glas, erklärt werden. Dies kann neben konstruktiv-maschinenbaulichen Parametern als Grundlage für einen stabilen Trennprozess angesehen werden. Aus der Floatglasindustrie ist wohl bekannt, dass bestimmte Schneidflüssigkeiten durch chemischen Angriff und vor allem Kapillarwirkung die Bruchkraft heruntersetzen, ein direkter Bezug zwischen der Vorhersagbarkeit der Festigkeit eines Schneidprozesses und dem Vorhandensein einer Schneidflüssigkeit war vor dieser Arbeit nicht bekannt. Im Wesentlichen können mit dem entwickelten Prozess allerdings nur gerade, bzw. Schnitte mit Radien größer 25 mm durchgeführt werden, hierfür könnten vermutlich mittelfristig die oben erwähnten laserbasierten Prozesse eine Lösung darstellen.

In der nachfolgenden operativen Validierung des Prozesses mit einer Stichprobengröße n = 1562 entsprechend 312,4 m gemessener Kante an 100 μm dickem Glas ergibt sich eine minimale Festigkeitsschwelle von 101,6 MPa. In vielen Bereichen der statistischen Betrachtung von Ausfallphänomenen werden Festigkeitsschwellen bzw. das Verwenden einer dreiparametrischen Weibullverteilung abgelehnt, da oft sowohl große Stichprobengrößen als auch eine physikalische Erklärung für eine derartige Schwelle zwar fehlen, für die Konstruktion von innovativen Dünnglasbauteilen aber dringend von Nöten sind. In dieser Arbeit konnte erstmals nachgewiesen werden, dass ein optimierter, industriell angewendeter Ritzbruchprozess Oberflächen hervorbringen kann, die trotz einer von Null verschiedenen Bauteilbelastung dennoch eine Versagenswahrscheinlichkeit unterhalb eines ingenieurwissenschaftlich relevanten Levels haben.
Auf dieser Basis können weitere Schritte zur Festigkeitserhöhung wie Polieren, Ätzen, Vorspannen etc. entwickelt werden, um Produktdesi-

gnern innovative Möglichkeiten an die Hand zu geben um Anwendungen wie z.B. faltbare Handys realisieren zu können. Dies ermöglicht es dem Werkstoff Glas, der oft vor allem wegen seinen optischen oder chemisch inerten Eigenschaften verwendet wird, vorzudringen in neue Anwendungsgebiete, bei denen vor allem auch mechanische Eigenschaften eine maßgebliche Rolle spielen.

Literaturverzeichnis

[AB93] ALLES, Aldo B. ; BURDICK, Vernon L.: Grain boundary oxidation in PTCR barium titanate thermistors. In: *Journal of the American Ceramic Society* 76 (1993), Nr. 2, S. 401–408

[AG08] AG, Siemens: *Glass Focus 2008*. https://assets.new.siemens.com/siemens/assets/api/uuid:ddee684d7fb7df5778084dcac85b75ff812e7ae8/glassfocus-2008-d.pdf, 2008

[AGC20] AGCAUTOMOTIVE: *AGC Succeeds in Rolling SPOOL, a 0.05 mm thick Sheet Glass*. https://www.agc-automotive.com/en/news-and-events/agc-succeeds-in-rolling-spooltm-a-0-05-mm-thick-sheet-glass/, abgerufen am 23.08.2020

[BA80] BROWN, AM ; ASHBY, MF: Correlations for diffusion constants. In: *Acta Metallurgica* 28 (1980), Nr. 8, S. 1085–1101

[BHW12] BIZJAK, Tanja ; HARTMANN, Peter ; WESTERHOFF, Thomas: ZERODUR: bending strength data for tensile stress loaded support structures. In: *Optical Microlithography XXV* Bd. 8326 International Society for Optics and Photonics, 2012, S. 83261Q

[BPRC16] Ballarini, Roberto ; Pisano, Gabriele ; Royer-Carfagni, Gianni: The lower bound for glass strength and its interpretation with generalized Weibull statistics for structural applications. In: *Journal of Engineering Mechanics* 142 (2016), Nr. 12, S. 04016100

[BRJ16] Brämer, Constantin ; Renz, Carsten ; Jotz, Matthias: *Vorrichtung und Verfahren zum Durchtrennen von mit einer Geschwindigkeit bewegten Werkstücken mechanisch spröder und nichtmetallischer Werkstoffe.* Nummer: DE 10 20 14 013 262 A1, September 2016

[BUF+20] Bruns, Sebastian ; Uesbeck, Tobias ; Fuhrmann, Sindy ; Tarragó Aymerich, Mariona ; Wondraczek, Lothar ; Ligny, Dominique de ; Durst, Karsten: Indentation densification of fused silica assessed by raman spectroscopy and constitutive finite element analysis. In: *Journal of the American Ceramic Society* 103 (2020), Nr. 5, S. 3076–3088

[Cor20] Corning: *Corning Willow Glass.* https://www.corning.com/emea/de/innovation/corning-emerging-innovations/corning-willow-glass.html, abgerufen am 23.08.2020

[CP90] Cook, Robert F. ; Pharr, George M.: Direct observation and analysis of indentation cracking in glasses and ceramics. In: *Journal of the American Ceramic Society* 73 (1990), Nr. 4, S. 787–817

[Dan91] Danzer, R: Mechanical performance and lifetime prediction. In: *Concise encyclopedia of advanced ceramic materials.* Elsevier, 1991, S. 286–299

[Dav79] DAVIDGE, Roger W.: *Mechanical behaviour of ceramics.* CUP Archive, 1979

[DIN08] DIN, EN: *843-1, Hochleistungskeramik-Mechanische Eigenschaft monolithischer Keramik bei Raumtemperatur-Teil 1: Bestimmung der Biegefestigkeit.* 2008

[DLSD08] DANZER, Robert ; LUBE, Tanja ; SUPANCIC, Peter ; DAMANI, Rajiv: Fracture of ceramics. In: *Advanced engineering materials* 10 (2008), Nr. 4, S. 275–298

[DYR87] DAUSKARDT, RH ; YU, W ; RITCHIE, RO: Fatigue crack propagation in transformation-toughened zirconia ceramic. In: *Journal of the American Ceramic Society* 70 (1987), Nr. 10, S. C–248

[FA82] FROST, Harold J. ; ASHBY, Michael F.: *Deformation mechanism maps: the plasticity and creep of metals and ceramics.* Pergamon press, 1982

[Fis49] FISHER, Ronald A.: *The design of experiments.* Oliver & Boyd, 1949

[FXQ+19] FAN, Huiyan ; XUE, Junming ; QIAN, Pengxiang ; JOTZ, Matthias ; PRINCE, Fredrik: *Bondable glass and low Auto-Fluorescence article and method of making it.* Nummer: WO 2019/119341A1, Juni 2019

[GF11] GROTE, Karl-Heinrich ; FELDHUSEN, Jörg: *DUBBEL: Taschenbuch für den Maschinenbau.* Berlin : Springer-Verlag, 2011

[GL91] GRATHWOHL, Georg ; LIU, Tianshun: Crack Resistance and Fatigue of Transforming Ceramics: I, Materials in the

$ZrO_2-Y_2O_3-Al_2O_3$ System. In: *Journal of the American Ceramic Society* 74 (1991), Nr. 2, S. 318–325

[Gol20] GOLEM.DE: *AMD R300.* https://www.golem.de/news/radeon-r9-fury-x-im-test-amds-wasserzwerg-schlaegt-nvidias-titan-1506-114780-3.html, 22.08.2020

[Gri21] GRIFFITH, Alan A.: The phenomena of rupture and flow in solids. In: *Philosophical Transactions of the royal society of London. Series A, containing papers of a mathematical or physical character* 221 (1921), Nr. 582-593, S. 163–198

[GS11] GROSS, Dietmar ; SEELIG, Thomas: *Bruchmechanik: Mit einer Einführung in die Mikromechanik.* Berlin, Heidelberg : Springer-Verlag, 2011

[GSM20] GSMARENA.COM: *Display Roadmap LGD.* https://www.gsmarena.com/lg_roadmap_promises_bending_foldable_and_rollable_screens-news-10176.php, 22.08.2020

[Har12] HARTMANN, Peter: ZERODUR®: deterministic approach for strength design. In: *Optical Engineering* 51 (2012), Nr. 12, S. 124002

[Har17] HARTMANN, Peter: ZERODUR-bending strength: review of achievements. In: *Optomechanical Engineering 2017* Bd. 10371 International Society for Optics and Photonics, 2017, S. 1037104

[HCJH19] HEISS-CHOUQUET, Markus ; JOTZ, Matthias ; HILLER, Vanessa: *Biegbare und/oder faltbare Artikel sowie Verfahren zur Bereitstellung von biegbaren und/oder faltbaren Artikeln.* Nummer: DE 10 2018 110 500 A1, März 2019

[HCJO20] Heiss-Chouquet, Markus ; Jotz, Matthias ; Ottermann, Clemens: *Glaselement mit geschnittener Kante und Verfahren zu dessen Herstellung.* Nummer: DE 10 2018 131 179 A1, Juni 2020

[HCNOJ17] Heiss-Choquet, Markus ; Nattermann, Kurt ; Ottermann, Clemens ; Jotz, Matthias: *Verfahren und Vorrichtung zur Bestimmung der Bruchfestigkeit der Ränder dünner Bahnen sprödbrüchigen Materials.* Nummer: DE 10 2014 110 855 B4, August 2017

[HJW+17] He, Feng ; Jotz, Matthias ; Wegener, Holger ; Hahn, Michael ; Da, Ning ; Zimmer, Jose: 17-3: Towards Flexible Glass: Ultra-Thin Glass with Tight Dimensional Tolerance and High Strength Achieved by Ion Exchange. In: *SID Symposium Digest of Technical Papers* Bd. 48 Wiley Online Library, 2017, S. 218–221

[HLC+14] Hartmann, Peter ; Leys, Antoine ; Carré, Antoine ; Kerz, Franca ; Westerhoff, Thomas: ZERODUR: bending strength data for etched surfaces. In: *Advances in Optical and Mechanical Technologies for Telescopes and Instrumentation* Bd. 9151 International Society for Optics and Photonics, 2014, S. 91512Q

[JB15] Jotz, Matthias ; Bachmann, Eberhard: *Packaging unit for a roll of material.* Nummer: US 9428324B2, März 2015

[JHCE+17] Jotz, Matthias ; Heiss-Chouquet, Markus ; Esemann, Hauke ; Ottermann, Clemens ; Stolz, Claudia: *Flachglasprodukt mit erhöhter Kantenfestigkeit und Verfahren zu dessen Herstellung.* Nummer: DE 10 2016 107 535 A1, Oktober 2017

[JM18] Jotz, Matthias ; Mueller, Michael: *SCHOTT FLEXINITY™: Weltweit einzigartig strukturiertes Glas ermöglicht weitere Miniaturisierung der Elektronik.* https://www.schott.com/advanced_optics/german/news/press.html?NID=com5330, 29.01.2018

[JNH16] Jotz, Matthias ; Nickut, Andreas ; Habeck, Andreas: *Verfahren zum Trennen von Dünnglas.* Nummer: DE 10 2015 120 571A1, Juni 2016

[Jot16] Jotz, Matthias: *Herstellen von waferartigen Dünnglasplatten mit Aufbauten und Auftrennen in einzelne kleinere Dünnglasplatten.* Nummer: DE 10 2015 120 569 A1, Juni 2016

[Jot17a] Jotz, Matthias: Ultradünnes Glas auf Rolle: Auf dem Weg zur Massenfertigung. In: *Photonik* 49 (03.2017), S. 76–79

[Jot17b] Jotz, Matthias: Glas: So biegsam wie Folie. In: *Productronic* (10.2017), S. 34–35

[Jot18] Jotz, Matthias: Ultradünn, flexibel, strukturierbar: Glas für die Elektronik. In: *Elektronikpraxis* 13 (17.04.2018), S. 64–71

[JP17] Jotz, Matthias ; Prenzel, Wolf D.: Ultradünnes Glas. In: Prenzel, Wolf D. (Hrsg.): *Jahrbuch für Optik und Feinmechanik* Bd. 63. Görlitz : Optik-Verl., 2017. – ISBN 9783000589782, 3000589783, S. 175–186

[JPV16] Jotz, Matthias ; Plapper, Volker ; Vogt, Jürgen: *Vorrichtung und Verfahren zum Ausrichten von Ritznadeln und Ritzen von Glassubstraten.* Nummer: DE 10 2016 101 766 A1, Februar 2016

[JSR18] Jotz, Matthias ; Schneider, Jens ; Rädlein, Edda: Introducing the "Cylinder Fit Test", a simplified edge strength measurement method for ultra thin glass. In: Schneider, Jens (Hrsg.) ; Weller, Bernhard (Hrsg.): *Engineered Transparency 2018—Glass in Architecture and Structural Engineering.* Berlin : Wilhelm Ernst und Sohn, 2018. – ISBN 9783433032695, 3433032696, S. 65–73

[JT77] Jayatilaka, A de S. ; Trustrum, K: Statistical approach to brittle fracture. In: *Journal of Materials Science* 12 (1977), Nr. 7, S. 1426–1430

[JT17] Jotz, Matthias ; Tomaras, Constantin: Flexibles Glas, das künftige Elektroniksubstrat. In: *Design und Elektronik* (08.2017), S. 22–25

[JWRW18] Jotz, Matthias ; Walther, Marten ; Resch, Florian ; Wiegel, Thomas: *Verbund aus einem Bauteil, insbesondere einem elektronischen Bauteil und einem Glas- oder Glaskeramikmaterial.* Nummer: DE 10 2018 209 589 A1, Dezember 2018

[KBU76] Kingery, W D. ; Bowen, Harvey K. ; Uhlmann, Donald R.: *Introduction to ceramics.* Bd. 17. New York : John Wiley & Sons, 1976

[Ker70] Kerkhof, Frank: *Bruchvorgänge in Gläsern.* Verlag der Deutschen Glastechnischen Gesellschaft, 1970

[Law93] LAWN, Brian: *Fracture of brittle solids.* Cambridge university press, 1993

[LEM80] LAWN, Brian R. ; EVANS, AG ; MARSHALL, DB: Elastic/plastic indentation damage in ceramics: the median/radial crack system. In: *Journal of the American Ceramic Society* 63 (1980), Nr. 9-10, S. 574–581

[LJS17] LETZ, Martin ; JOTZ, Matthias ; SPRENGARD, Rüdiger: Glass: a universal material class for semi-conductor packaging and further integration. In: *Chip Scale Review* 21 (2017), Nr. 3, S. 37

[LLH+19] LETZ, Martin ; LAUTENSCHLAEGER, Gerhard ; HOVHANNISYAN, Martun ; JOTZ, Matthias ; KLIPPE, Lutz ; KLOSS, Thomas: *Use of a flat glass in electronic components.* Nummer: US 2019/0352213 A1, November 2019

[LZV+18] LETZ, Martin ; ZIHAN, Wu ; VISWANATHAN, Sukhadha ; JOTZ, Matthias ; MAUNE, Holger ; JOST, Matthias ; RAJ, P M. ; SUNDARAM, Venkatesh ; TUMMALA, Rao: Glass in Electronic Packaging and Integration: High Q Inductances for 2.35 GHz Impedance Matching in 0.05 mm Thin Glass Substrates. In: *2018 IEEE 68th Electronic Components and Technology Conference (ECTC)* IEEE, 2018, S. 1089–1096

[Mak08] MAKKONEN, Lasse: Problems in the extreme value analysis. In: *Structural Safety* 30 (2008), Nr. 5, S. 405–419

[MB88] MICHALSKE, Terry A. ; BUNKER, Bruce C.: Wie Glas bricht. In: *Spektrum der Wissenschaft* 2 (1988), S. 114–121

[MDIC20] Mitsuboshi Diamond Industrial Co., Ltd.: *Penett, Micro Penett.* https://www.mitsuboshidiamond.com/eng/product/tools/, abgerufen am 25.08.2020

[MF82] Michalske, Terry A. ; Freiman, Stephen W.: A molecular interpretation of stress corrosion in silica. In: *Nature* 295 (1982), Nr. 5849, S. 511–512

[MF99] Munz, Dietrich ; Fett, Theo: *Ceramics: mechanical properties, failure behaviour, materials selection.* Bd. 36. Springer Science & Business Media, 1999

[MKG86] Matthewson, M ; Kurkjian, Charles R. ; Gulati, Suresh T.: Strength measurement of optical fibers by bending. In: *Journal of the American Ceramic Society* 69 (1986), Nr. 11, S. 815–821

[MRR+53] Metropolis, Nicholas ; Rosenbluth, Arianna W. ; Rosenbluth, Marshall N. ; Teller, Augusta H. ; Teller, Edward: Equation of state calculations by fast computing machines. In: *The journal of chemical physics* 21 (1953), Nr. 6, S. 1087–1092

[Mur87] Murakami, Y: Stress-intensity factor equations for a semi-elliptical surface crack in a shaft under bending. In: *Stress intensity factors handbook* 2 (1987), S. 657–667

[NG08] Nickel, KG ; Gogotsi, YG: Corrosion of hard Materials. In: Riedel, Ralf (Hrsg.): *Handbook of Ceramic Hard Materials.* Weinheim : Wiley VCH, 2008, S. 140–182

[Nip20] NipponElectricGlass: *G-Leaf Ultra-thin Glass.* https://www.neg.co.jp/en/product/dp/g-leaf, abgerufen am 23.08.2020

[NJR81] Newman Jr, JC ; Raju, IS: An empirical stress-intensity factor equation for the surface crack. In: *Engineering fracture mechanics* 15 (1981), Nr. 1-2, S. 185–192

[ORL+18] Ortner, Andreas ; Roters, Andreas ; Lentes, Frank-Thomas ; Parthier, Lutz ; Heiss-Chouquet, Markus ; Peuchert, Ulrich ; Wagner, Fabian ; Resch, Florian ; Brückbauer, Laura ; Jotz, Matthias ; Hiller, Vanessa: *Strukturiertes plattenförmiges Glaselement und Verfahren zu dessen Herstellung*. Nummer: DE 10 2018 100 299 A1, August 2018

[OV05] Ohlsson, Josefin ; Villarreal, Gerardo: Normal visual acuity in 17–18 year olds. In: *Acta Ophthalmologica Scandinavica* 83 (2005), Nr. 4, S. 487–491

[PJS16] Peuchert, Ulrich ; Jotz, Matthias ; Sprengard, Rüdiger: *Miniaturisiertes elektronisches Bauelement mit verringerter Bruchgefahr sowie Verfahren zu dessen Herstellung*. Nummer: DE 10 2015 103 857 A1, Juni 2016

[Rie87] Riedel, Hermann: *Fracture at high Temperatures*. Berlin : Springer, 1987

[RJW+16] Rossmeier, Thomas ; Jotz, Matthias ; Wiegel, Thomas ; Ottermann, Clemens ; Juergen, Vogt: *Verfahren zum Aufrollen eines Glasbandes, Vorrichtung hierfür und die hiermit erzeugte Glasrolle*. Nummer: DE 10 2016 202 685 A1, Februar 2016

[Ron13] Ronninger, Curt U.: *Vertrauensbereich der Ausgleichsgerade*. Starnberg, DE : CRGRAPH, 2013

[Ron20] Ronninger, Curt U.: *Visual-XSel Programmbeschreibung Weibull.* Starnberg, DE : CRGRAPH, 2020

[Rui83] Ruina, Andy: Slip instability and state variable friction laws. In: *Journal of Geophysical Research: Solid Earth* 88 (1983), Nr. B12, S. 10359–10370

[SAS19] SAS, Institute: *JMP 15 Documentation Library.* Cary, NC : SAS Institute Inc., 2019

[Sch90] Schoeck, G: Thermally activated crack-propagation in brittle materials. In: *International journal of fracture* 44 (1990), Nr. 1, S. 1–14

[Sch15] Schula, Sebastian: *Charakterisierung der Kratzanfälligkeit von Gläsern im Bauwesen: Characterisation of the scratch sensitivity of glasses in civil engineering.* Bd. 43. Springer-Verlag, 2015

[SCH20a] SCHOTT: *AF 32eco Dünnglas.* https://www.schott.com/advanced_optics/german/products/optical-materials/thin-glass/thin-glass-af-32-eco/index.html, abgerufen am 23.08.2020

[SCH20b] SCHOTT: *D 263Teco Dünnglas.* https://www.schott.com/advanced_optics/german/products/optical-materials/thin-glass/thin-glass-d-263-t-eco/index.html, abgerufen am 23.08.2020

[SCH20c] SCHOTT: *SCHOTT AS87eco.* https://www.schott.com/advanced_optics/german/products/optical-materials/thin-glass/as-87-eco/index.html, abgerufen am 23.08.2020

[SCH20d] SCHOTT: *Die Zukunft liegt biegsam in Ihrer Hand.* https://www.schott.com/innovation/de/ultraduennesglas/, abgerufen am 23.08.2020

[SGN+98] Schneider, B ; Guette, A ; Naslain, R ; Cataldi, M ; Costecalde, A: A theoretical and experimental approach to the active-to-passive transition in the oxidation of silicon carbide: Experiments at high temperatures and low total pressures. In: *Journal of Materials Science* 33 (1998), Nr. 2, S. 535–547

[SJL+16] Sprengard, Ruediger ; Jotz, Matthias ; Letz, Martin ; Parthier, Lutz ; Prince, Fredrik ; Woehrmann, Markus ; Thomas, J-U ; Toepper, Michael: Ultra-thin glasses for semiconductor packaging. In: *International Symposium on Microelectronics* Bd. 2016 International Microelectronics Assembly and Packaging Society, 2016, S. 293–298

[Tad85] Tada, H: The stress analysis of cracks handbook, Paris Productions. In: *Inc., St. Louis* (1985)

[TG70] Timoshenko, S ; Goodier, JN: Theory of elasticity: New York. In: *London,: Ed Mc Graw-Hill* (1970)

[The20] TheVerge.com: *Foldable Display Phone, screen durability.* https://www.theverge.com/2020/2/16/21139897/samsung-galaxy-z-flip-ultra-thin-glass-durability-scratch-test-jerryrigeverything, 22.08.2020

[TMM52] Tsu, TC ; Mugele, RA ; McClintock, FA: A statistical distribution function of wide applicability. In: *Journal of Applied Mechanics-Transactions of the Asme* 19 (1952), Nr. 2, S. 233–234

[Tum19] TUMMALA, Rao R.: Moore's law for packaging to replace Moore's law for ICS. In: *2019 Pan Pacific Microelectronics Symposium (Pan Pacific)* IEEE, 2019, S. 1–6

[VJ18] VOGT, Jürgen ; JOTZ, Matthias: *Method and apparatus for scoring thin glass and scored thin glass.* Nummer: US 9896372B2, Februar 2018

[WCM09] WACHTMAN, John B. ; CANNON, W R. ; MATTHEWSON, M J.: *Mechanical properties of ceramics.* New Jersey : John Wiley & Sons, 2009

[Wei39] WEIBULL, Waloddi: A statistical theory of the strength of materials. In: *Royal Swedish Institiute for Engineering Research* 151 (1939), Nr. 545, S. 7

[Wei51] WEIBULL, Waloddi: A Statistical Distribution Function of Wide Applicability. In: *Journal of applied mechanics* 103 (1951), Nr. 730, S. 293–297

[WH01] WHITTLE, Ben R. ; HAND, Russell J.: Morphology of Vickers Indent Flaws in Soda–Lime–Silica Glass. In: *Journal of the American Ceramic Society* 84 (2001), Nr. 10, S. 2361–2365

[WHK+04] WANG, Chun ; HÄFNER, Wolfgang ; KRAUSCH, Georg ; RÄDLEIN, Edda ; TRATZKY, Stephan ; SCHRAMM, Manfred ; MARTINEK, Klaus—Peter: Study of surface changes on industrial glasses with AFM, FE-SEM, EDX, SNMS and LM. In: *Glass Sci. Technol* 77 (2004), Nr. 3, S. 103

[Wie67] WIEDERHORN, SM: Influence of water vapor on crack propagation in soda-lime glass. In: *Journal of the American Ceramic Society* 50 (1967), Nr. 8, S. 407–414

[WS91] WANLASS, Frank M. ; SAH, C T.: Nanowatt logic using field-effect metal-oxide semiconductor triodes. In: *Semiconductor Devices: Pioneering Papers.* World Scientific, 1991, S. 637–638

[ZJHD20] ZIMMER, Jose ; JOTZ, Matthias ; HE, Feng ; DA, Ning: *Protective cover, its use and method of making a protective cover.* US Anmeldenummer: 16868172, Mai 2020

Abbildungsverzeichnis

Abkürzungsverzeichnis und Formelzeichen

α .... Mittelwinkel in Grad
Δl .... Längendifferenz in m
σ .... Spannung in MPa
$\sigma(t)$ .... Funktion der Spannung in Abhängigkeit von der Zeit
σ_0 .... Charakteristische Spannung bzw. Festigkeit in MPa
σ_c .... Kritische Spannung zum Bruchzeitpunkt in MPa
σ_f .... Bruchspannung in $\frac{N}{mm^2}$
σ_r .... arbiträre Referenzspannung in MPa
σ_{c1} .... charakteristische Vergleichsspannung in $\frac{N}{mm^2}$
σ_{c2} .... charakteristischer Spannungswert der Ausgangsverteilung der Zylinderbiegung in $\frac{N}{mm^2}$
ε .... Dehnung, dimensionslos
$\varphi(x)$ .... Funktion φ von x
a .... Risslänge in m
$a(t)$ .... Risslänge in Abhängigkeit von der Zeit in m
a_c .... Kritische Risslänge in m
a_i .... Ausgangsrisslänge in m
b .... Breite des Probekörpers in mm
d .... der Mittelwert der Abstände zwischen den Achsen der inneren und äußeren Auflagerrollen bei der Vier-

	Punkt-Biegung in mm
E	Elastizitätsmodul in GPa
F	Höchstkraft beim Bruch in N
$F(x)$	Funktion F von x
F_i	Ausfallwahrscheinlichkeit eines theoretischen Kettenglieds, einheitenlos
$F_{\sigma,V}$	Funktion der Spannung und des Volumens
G	Freiwerdende Energie durch Rissausbreitung in J
G_c	Kritischer Energieschwellwert unter der keine Rissausbreitung stattfindet in J
h	Höhe des Probekörpers mm
K	Spannungsintensitätsfaktor in $\frac{MPa}{\sqrt{m}}$
K_i	initiale Spannungsintensität in $\frac{Pa}{\sqrt{m}}$
K_c	Kritischer Spannungsintensitätsfaktor in $\frac{MPa}{\sqrt{m}}$
l	Abstand zwischen den Mittelpunkten der Auflagerrollen bei der Drei-Punkt Biegung in mm
l_0	Länge der neutralen Faser in mm
l_1	Länge der äußeren(oberen) Faser in mm
l_{eff1}	durchschnittliche effektive Länge der mit Zwei-Punkt-Biegung gemessenen Proben in mm
l_{eff}	effektive Länge in m
t_f	Lebensdauer, in s
V_0	Referenzvolumen in m^3
v_0	Startgeschwindigkeit des Risses in m/s
v_i	Anfangsgeschwindigkeit der Rissbildung bei initialem Spannungsintensitätsfaktor K_i in m/s
V_{eff}	Effektives Volumenelement in m^3
x_0	Parameter der Weibullverteilung, Charakteristischer Wert
x_u	Parameter der Weibullverteilung

Y .... Geometriefaktor, einheitenlos
CMOS .... Complementary Metal-Oxide-Semiconductor
D .... Plattenabstand bei der Zwei-Punkt-Biegung in mm
DNA .... Desoxyribonukleinsäure
DOE .... Design of Experiments, statistische Versuchsplanung
e .... Eulerzahl
F .... Ausfallwahrscheinlichkeit der theoretischen Kette
Gen .... Generation, Glasgrößenangabe aus der Displayindustrie
i .... Anzahl der theoretischen Kettenglieder
l .... (Kanten)Länge in m
m .... Skalenparameter der Weibullverteilung, Weibullmodul
N .... Anzahl der Werte in einer Versuchsreihe, einheitenlos
n .... Lebenszeitexponent, einheitenlos
P .... Ausfallwahrscheinlichkeit in Prozent
R .... Rang des aufsteigend geordneten Festigkeitswertes innerhalb eines Versuches, einheitenlos
r .... Radius der Scheibe in mm
T .... Glasdicke in μm
t .... Zeit in Sekunden
TTV .... Total Thickness Variation, Dickenabweichung des Glases, Differenz zwischen Dickster und Dünnster Stelle in μm bezogen auf eine Fläche
V .... Volumen in m^3
x .... Theoretische Last eines Kettengliedes